成本管理會計
學習指導（第四版）

主編　　胡國強、陳春艷
副主編　馬英華、劉永華

前　言

　　成本管理會計學習指導（第四版）是成本管理會計（第四版）教材的配套教材，它是各位編寫成員多年教學經驗的梳理和總結，同時，參考了兄弟院校和專家的研究成果。書中內容結構按照學習目標、本章重點與難點、同步訓練和同步訓練答案四個組成部分分章展開。其目的是讓學生瞭解各章學習的目標、重點與難

前言

點,並配有相應的習題,以加深對所學知識的理解,達到溫故而知新的效果。

本書作者是長期工作在成本會計和管理會計教學一線的專業教師,具有多年的教學經驗,累積了豐碩的教學經驗和科研成果。在共同討論、反覆研究的基礎上設計了全書的內容綱要。在寫作過程中翻閱了大量中外各種版本的成本會計、管理會計和成本管理會計教材,取長補短、去粗取精,精心組織了各章節的內容。同時,教材內容也吸收了作者與理論界成熟的科研成果,進一步豐富和完善了成本管理會計的教學內容體系。

前 言

编 者

目 錄

第一章 導論 …………………………… (1)
    一、學習目的 ……………………… (1)
    二、重點和難點 …………………… (1)
    三、同步訓練 ……………………… (7)
    四、同步訓練答案 ………………… (11)

第二章 成本核算的基本原理 ………… (13)
    一、學習目的 ……………………… (13)
    二、重點和難點 …………………… (13)
    三、同步訓練 ……………………… (19)
    四、同步訓練答案 ………………… (30)

第三章 產品成本核算的基本方法 …… (36)
    一、學習目的 ……………………… (36)
    二、重點和難點 …………………… (37)
    三、同步訓練 ……………………… (42)
    四、同步訓練答案 ………………… (60)

第四章 產品成本核算的其他方法 …… (71)
    一、學習目的 ……………………… (71)
    二、重點和難點 …………………… (71)
    三、同步訓練 ……………………… (74)
    四、同步訓練答案 ………………… (80)

第五章 成本報表的編製和分析 ……… (83)
    一、學習目的 ……………………… (83)

目　錄

　　二、重點和難點 …………………………（83）
　　三、同步訓練 ……………………………（93）
　　四、同步訓練答案 ………………………（101）

第六章　成本預測 ………………………（105）
　　一、學習目的 ……………………………（105）
　　二、重點和難點 …………………………（105）
　　三、同步訓練 ……………………………（110）
　　四、同步訓練答案 ………………………（115）

第七章　成本決策 ………………………（118）
　　一、學習目的 ……………………………（118）
　　二、重點和難點 …………………………（118）
　　三、同步訓練 ……………………………（132）
　　四、同步訓練答案 ………………………（140）

第八章　成本計劃與控制 ………………（151）
　　一、學習目的 ……………………………（151）
　　二、重點和難點 …………………………（151）
　　三、同步訓練 ……………………………（169）
　　四、同步訓練答案 ………………………（175）

第九章　成本考核與評價 ………………（178）
　　一、學習目的 ……………………………（178）
　　二、重點和難點 …………………………（178）
　　三、同步訓練 ……………………………（187）
　　四、同步訓練答案 ………………………（193）

目　錄

綜合訓練題一 ………………………………（196）
　　試題 …………………………………………（196）
　　答案 …………………………………………（203）

綜合訓練題二 ………………………………（208）
　　試題 …………………………………………（208）
　　答案 …………………………………………（215）

綜合訓練題三 ………………………………（220）
　　試題 …………………………………………（220）
　　答案 …………………………………………（229）

綜合訓練題四 ………………………………（234）
　　試題 …………………………………………（234）
　　答案 …………………………………………（242）

綜合訓練題五 ………………………………（248）
　　試題 …………………………………………（248）
　　答案 …………………………………………（255）

綜合訓練題六 ………………………………（259）
　　試題 …………………………………………（259）
　　答案 …………………………………………（266）

第一章 導論

一、學習目的

通過本章學習，主要達到以下目的：
1. 瞭解成本管理會計的發展史；
2. 理解成本和成本管理的內涵；
3. 掌握成本的相關概念；
4. 理解成本的不同分類；
5. 瞭解成本管理發展的歷程；
6. 理解成本管理會計系統的設計。

二、重點和難點

(一) 經濟學、管理學和會計學對成本內涵的理解

透視經濟學、管理學和會計學對成本內涵的理解，可以得出以下結論：

(1) 馬克思的成本定義深刻地揭示了成本概念本質的經濟內涵。使我們認識到，成本是耗費和補償的統一體，我們應以資本耗費的價值部分作為成本計量研究的理論依據，同時應以成本價值的補償尺度作為成本計量研究的實際出發點。

（2）會計學的成本概念更強調成本計量屬性。因此，會計學所指的成本概念必須是可計量和可用貨幣表示的。傳統的財務會計受制於外部報表使用者對會計信息的要求，將成本理解為企業為了獲得營業收入而發生的耗費。管理會計擴展了成本的內涵和外延，將成本視為達到某一個特定目標所失去或放棄的一切可以用貨幣計量的耗費。

（3）經濟學、管理學和會計學科所定義的不同的成本概念，是出於各自學科的研究目的不同。經濟學研究的是稀缺資源條件下經濟運行規律，因此更強調揭示成本的經濟內涵；管理學研究的是如何提高組織的管理效益，因此更重視描述成本的形成動因和過程；而會計學的核心問題是計量，因此會計學更注重從計量方面來界定成本的概念。

（4）成本是一個動態發展的概念。從經濟學角度看，馬克思把成本表述為對象於商品體的物化勞動和活勞動歸結的價值，這一經典論述揭示了成本概念的本質內涵。但是這種歸結的價值是無法直接計量的。西方古典經濟學通過商品和包括勞動力在內的各種生產要素在市場上表現出來的交換價值來表示成本，把商品的生產成本理解為：生產成本＝使用的生產要素的收入＝土地的地租＋資本財貨的利息＋勞動的工資＋企業主營利潤。新制度學派經濟學家科斯發展了成本概念，提出「交易費用」（成本）理論，將成本的外延從商品成本擴展到包括組織的交易成本在內的廣義成本。

（二）成本的分類

（1）成本從理論層次上進行分類，可以分為宏觀經濟成本和微觀經濟成本。

（2）成本從企業產品或項目的內部「成本鏈」進行分類，可以分為設計層成本、供應層成本、生產層成本、銷售層成本。

（3）成本從企業的管理層面上進行分類，可以分為戰略層成本、戰術層成本和作業層成本。

（4）成本按照其在經濟工作中的作用進行分類，可以分為

財務成本、管理成本和技術經濟成本三類。

（5）根據成本管理的實際需要，要素層次上的成本可以按照以下幾種不同的標準進行分類：①生產費用按經濟內容分類；②生產費用按經濟用途分類；③按生產費用計入企業成本的程序分類；④按生產費用計入企業成本的方法分類；⑤按生產費用與生產經營活動的關係分類；⑥按成本習性或者成本性態分類。

（三）成本管理的發展歷程

成本管理的發展歷程可以分為四個歷史階段：①19世紀中期以前；②19世紀中期至20世紀40年代；③20世紀50~90年代；④20世紀90年代至今。

1. 19世紀中期以前：簡單成本計算時代

這個時期成本管理的特徵主要表現為：①成本管理主體是手工業作坊業主；②成本管理目標主要體現為產品價格的確定和年末損益的計算兩個方面；③成本管理空間範圍主要在狹義的生產環節；④成本管理時間範圍只限於事後的成本計算；⑤成本管理基本沒有採用什麼科學的管理方法，只是對員工現場監督，防止員工的偷懶和浪費。

2. 19世紀中期至20世紀40年代：生產導向型成本管理時代

這個時期成本管理的特徵主要表現為：①成本管理主體是所有者和企業管理當局；②成本管理目標主要體現為通過制定標準成本的手段對生產過程進行控制，以達到降低成本和提高利潤的效果；③成本管理空間範圍已經擴展到企業內部的各個環節，主要涉及企業供、產、銷三大環節；④成本管理時間範圍從事後延伸到事中和事前，但仍以事中和事後為主；⑤成本管理技法逐漸豐富起來，表現以標準成本管理為主，同時還創造性地提出和使用了一些成本管理方法，如定額成本管理、預算管理控制等。

3. 20世紀50~90年代：市場導向型成本管理時代

這個時期成本管理的特徵主要表現為：①成本管理主體已經擴展到每一個員工，成本管理已經成為一種「全員」式成本管理；②成本管理目標已經轉變為通過不同的成本管理方法對企業整個經營過程進行成本策劃、成本控制、成本分析與考核，求得降低成本或提高成本效益以達到「顧客滿意」，從而使企業的利潤得到提高；③成本管理空間範圍已經從企業內部的各個環節擴展到與企業所涉及的有關方面，「全過程」式成本管理基本上得以形成；④成本管理時間範圍已經從事中控制成本、事後計算和分析成本轉移到事前如何預測、決策和規劃成本，出現了以事前控制成本為主的成本管理新階段，「全時序」式成本管理也基本上得以形成；⑤成本管理方法又一次得到了豐富，比如目標成本管理（含成本企劃）、責任成本管理、質量成本管理、作業成本管理等成本管理技法的形成和應用，但各種成本管理技法缺乏一定的相互融合性。

4. 20世紀90年代至今：戰略導向型成本管理時代

這個時期的成本管理的特徵主要表現為：①成本管理主體仍然是企業所有者、管理當局和每一個員工，成本管理已經成為一種相對完善的「全員」式成本管理；②成本管理目標已經由降低成本或提高成本效益向取得持久的成本競爭優勢轉變；③成本管理空間範圍已經從企業的內部價值鏈方面逐漸擴展到企業的縱向價值鏈（企業的上下游）和橫向價值鏈（競爭對手之間）方面，「全過程」式的成本管理得到進一步地發展和完善；④成本管理時間範圍已經向產品整個生命週期延伸，「全時序」式的成本管理也得到了進一步地發展和完善；⑤成本管理方法主要是對上一階段管理技法的修補和完善，但也逐漸出現各種成本管理方法融合式研究的傾向。國內陳勝群博士和榮慶偉博士對此就進行了有益的嘗試。

（四）成本管理會計系統設計

1. 成本管理的內涵

成本管理是在滿足企業總體經營目標的前提下，持續地降低成本或提高成本效益的行為。該行為包括成本策劃、成本核算、成本控制和業績評價四個主要環節，而且涉及企業的戰略、戰術和信息管理各個領域。該定義明確了企業成本管理的戰略目標是滿足企業總體經營目標、具體目標是持續地降低成本或提高成本效益，通過對成本管理戰略目標和戰術目標的界定，說明成本管理不僅是戰術性的，而且也是戰略性的；定義指出，成本管理目標是通過成本策劃、成本核算、成本控制和業績評價等行為來實現的，這一點說明成本管理貫穿事前、事中和事後；同時，定義還指出了成本管理行為涉及企業的戰略、戰術和信息管理各個領域，這一點說明成本管理是一項系統工程。

2. 成本管理會計系統構成

成本管理會計系統是會計系統的一個子系統，其本身又由成本策劃、成本控制、成本核算和業績評價四個子系統所構成，它為企業的成本管理活動提供信息支持。成本管理會計系統有其特定的目標、結構、功能、特徵、組織和規範。

（1）成本管理會計的總體目標是為企業的整體經營目標服務的。具體來講，成本管理會計就是為企業內外部的利益相關者提供決策有用的成本信息以及通過各種經濟、技術和組織手段對企業的成本進行策劃、控制和評價，以實現取得成本競爭優勢目的。

（2）成本管理會計系統由成本策劃、成本核算、成本控制和業績評價四個子系統構成，所以其具體目標也是由其成本策劃、成本核算、成本控制和業績評價四個子系統分別來實現，表現為成本策劃的目標、成本核算的目標、成本控制的目標和業績評價的目標。①成本策劃的目標是為企業未來成本戰略、規劃和策略的決策做定性描述、定量測算和邏輯推斷；②成本核算的目標是為企業利益相關者提供決策有用的成本信息；

③成本控制的目標是在一定的成本戰略、規劃和策略的指導下，不斷地降低成本水平和提高成本效益；④業績評價的目標是對成本管理的各個環節進行動態的衡量，考核其目標完成程度，為決策者進行獎懲提供有關成本信息。

（3）成本管理會計的結構即成本管理會計的內容，是指對企業的生產經營過程中的資金耗費和價值補償，進行策劃、核算、控制和評價的一系列價值管理的內容。它主要包括成本策劃、成本控制、成本核算和業績評價四個子系統。

（4）成本管理會計的功能是指成本管理會計系統對企業經營管理環境的改造力和改造作用，是成本管理會計系統對企業經營管理環境的輸入和輸出函數。為管理和決策提供有用的信息與參與企業的經營管理既是成本管理會計的分目標，也是成本管理會計的基本功能。要實現成本管理會計的基本功能，成本管理會計應該具備策劃、核算、控制、評價和報告等具體功能。

（5）成本管理會計系統具有目的性、集合性、相關性、整體性、動態性、適應性等特徵。

（6）成本管理會計工作組織和規範是建立成本管理會計工作的正常秩序、實現成本管理會計系統目標的重要保證。成本管理會計工作的內容十分豐富，程序比較複雜、涉及面廣、業務性強，如果沒有專門的機構和人員負責，以及相應的規範來維持，就無法履行成本管理會計的職能，更無法實現成本管理會計系統的目標。為了把成本管理會計工作科學組織起來，為了很好地實現成本管理會計系統的目標，我們必須按照國家有關制度的要求，結合企業的實際情況，設置精干而有效的成本管理會計機構，配備權責對等的成本管理會計人員，建立健全行之有效的成本管理會計規範。

三、同步訓練

(一) 單項選擇題

1. 下列各項中，屬於馬克思的價值學說計算的成本是（   ）。
   A. C+M   B. V+M
   C. C+V   D. C+V+M

2. 下列各項中，屬於混合成本的是（   ）。
   A. 折舊   B. 直接人工
   C. 直接材料   D. 管理費用

3. 下列各項中，屬於戰術層面的成本是（   ）。
   A. 行業成本   B. 設計成本
   C. 質量成本   D. 產成品成本

4. 下列各項中，屬於成本管理會計的最基本的職能是（   ）。
   A. 成本策劃   B. 成本核算
   C. 成本控制   D. 業績評價

5. 下列各項中，屬於成本管理會計的中心任務是（   ）。
   A. 進行成本預測和決策
   B. 制定目標成本，編製成本計劃
   C. 根據有關法規、控制成本費用
   D. 利用核算資料促使企業降低成本、費用、改進生產經營管理，提高經濟效益

6. 下列各項中，屬於制定成本管理會計的法律和制度應遵循的原則是（   ）。
   A. 統一領導   B. 一致性
   C. 可比性   D. 客觀性

7. 下列各項中，屬於企業進行成本管理會計工作具體直接的依據是（   ）。

A. 企業會計制度

B. 各項具體會計準則

C. 企業的成本會計制度、規程或辦法

D.《企業財務會計通則》和《企業會計準則》

8. 下列各項中，屬於經濟學的成本範疇的是（　　）。
   A. 直接成本　　　　　B. 間接成本
   C. 戰略成本　　　　　D. 交易成本

9. 下列各項中，屬於企業產品製造成本費用是（　　）。
   A. 直接人工　　　　　B. 管理費用
   C. 銷售費用　　　　　D. 財務費用

10. 下列各項中，屬於企業產品綜合要素成本的是（　　）。
    A. 直接人工　　　　　B. 直接人工
    C. 其他直接支出　　　D. 製造費用

（二）多項選擇題

1. 下列各項中，屬於西方經濟學範疇的成本有（　　）。
   A. 不變資本　　　　　B. 可變成本
   C. 交易費用　　　　　D. 機會成本

2. 下列各項中，屬於成本的經濟實質有（　　）。
   A. 已耗費生產資料的轉移價值
   B. 勞動者為自己勞動創造的價值
   C. 勞動者為社會勞動創造的價值
   D. 企業在生產過程中耗費的資金總和

3. 下列各項中，屬於成本主要作用的是（　　）。
   A. 補償生產耗費的尺度
   B. 綜合反應企業工作質量的重要指標
   C. 企業對外報告的主要內容
   D. 制定產品價格的重要因素和進行生產經營決策的重要依據

4. 下列各項中，屬於成本管理會計反應和監督內容的有（　　）。

A. 利潤的實際分配
   B. 產品銷售收入的實現
   C. 各項期間費用的支出及歸集過程
   D. 各項生產費用的支出和產品生產成本的形成
5. 下列各項中，屬於成本管理會計任務的有（　　　）。
   A. 正確及時進行成本核算
   B. 制定目標成本，編製成本計劃
   C. 分析和考核各項消費定額和成本計劃的執行情況和結果
   D. 根據成本計劃，相關定額和有關法規制度，控制各項成本費用
6. 下列各項中，屬於成本管理會計職能的有（　　　）。
   A. 成本策劃　　　　B. 成本核算
   C. 成本控制　　　　D. 業績評價
7. 下列各項中，屬於直接費用成本的有（　　　）。
   A. 直接材料　　　　B. 直接人工
   C. 製造費用　　　　D. 管理費用
8. 下列各項中，屬於利得和損失的有（　　　）。
   A. 管理費用　　　　B. 銷售費用
   C. 營業外收入　　　D. 營業外支出
9. 下列各項中，屬於技術經濟成本的有（　　　）。
   A. 功能成本　　　　B. 設計成本
   C. 質量成本　　　　D. 投資成本
10. 下列各項中，屬於基本費用成本的有（　　　）。
    A. 直接材料　　　　B. 直接人工
    C. 製造費用　　　　D. 管理費用

(三) 判斷題

1. 從理論上講，成本是商品生產中耗費的活勞動和物化勞動的貨幣表現。　　　　　　　　　　　　　　　　（　　）
2. 會計學的成本概念更強調成本的計量屬性，必須是可計

量和可用貨幣表示的。   (   )

3. 設計層成本是指為準備生產產品的而發生的資金耗費。

(   )

4. 戰術層成本是指產品生產執行層面具體活動所引起的資源耗費的一種貨幣表現成本。   (   )

5. 基本費用成本是指由生產經營活動自身引起的各項費用匯集而成的成本費用項目。   (   )

6. 成本控制的目標是為企業利益相關者提供決策有用的成本信息。   (   )

7. 成本是綜合反應企業工作質量的重要指標。   (   )

8. 成本管理會計應該具備策劃、核算、控制、評價和報告等具體功能。   (   )

9. 單位固定成本隨業務量的增加或減少而呈正比例變動。

(   )

10. 成本管理對象是廣泛的，包括企業與成本有關的一切管理活動。   (   )

(四) 計算分析題

1. 請您根據表1-1中的資料，計算會計學界定資產、費用和損失的金額。

表1-1　　　　　某企業部分帳戶資料　　　　單位：萬元

項目	金額
交易性金融資產	10
應收帳款	100
主營業務成本	4,000
庫存商品	2,000
原材料	6,000
營業外支出	50
財務費用	100
公允價值變動損益	20
資產減值損失	600

2. 請您根據表 1-2 中的資料，分別計算單要素費用和綜合要素費用、直接費用和間接費用、基本費用和一般費用的金額。

表 1-2　　　　　　　某企業部分費用資料　　　　單位：萬元

項目	金額
直接材料	1,000
直接薪酬	400
製造費用	600
管理費用	200
財務費用	100
營業費用	80

（五）思考題

1. 辨析經濟學成本和會計學成本的內涵和外延。
2. 辨析管理學成本和會計學成本的內涵與外延。
3. 辨析成本管理會計與管理會計的內涵與外延。
4. 辨析成本管理會計職能之間的關係。
5. 辨析成本管理會計機構、人員與規範之間的關係。

四、同步訓練答案

（一）單項選擇題

1. B　　2. D　　3. C　　4. B　　5. D　　6. A
7. C　　8. D　　9. A　　10. D

（二）多項選擇題

1. CD　　2. AB　　3. ACD　　4. CD　　5. ABCD
6. ABCD　　7. AB　　8. CD　　9. ABCD　　10. AB

(三) 判斷題

1. √　　2. √　　3. ×　　4. ×　　5. √　　6. ×
7. √　　8. √　　9. ×　　10. √

(四) 計算分析題

1.

資產＝10＋100＋2,000＋6,000＝8,110（萬元）

費用＝4,000＋100＝4,100（萬元）

損失＝50＋20＋600＝670（萬元）

2.

單要素費用＝1,000＋400＝1,400（萬元）

綜合要素費用＝600＋200＋100＋80＝980（萬元）

直接費用＝1,000＋400＝1,400（萬元）

間接費用＝600（萬元）

基本費用＝1,000＋400＝1,400（萬元）

一般費用＝600＋200＋100＋80＝980（萬元）

(五) 思考題

答案（略）。

第二章 成本核算的基本原理

一、學習目的

通過本章學習，主要達到以下目的：

1. 瞭解成本核算的基本要求、一般程序、帳簿設置和期間費用的核算；
2. 掌握要素費用的歸集和分配；
3. 掌握完工產品與在產品之間成本分配的方法。

二、重點和難點

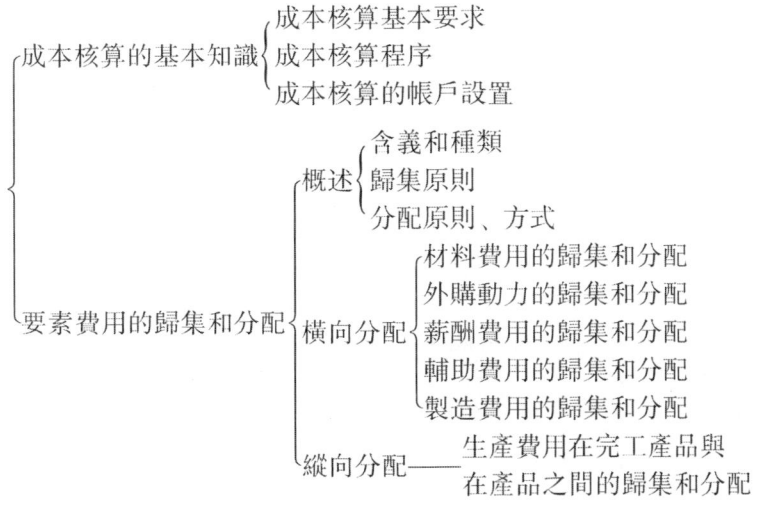

（一）成本核算的基本要求

成本核算的基本要求包括：①正確劃分生產經營費用與非生產經營費用；②正確劃分生產費用和期間費用的界限；③正確劃分各期成本費用的界限；④正確劃分各種產品成本的界限；⑤正確劃分在產品成本與完工產品成本的界限。

（二）要素費用的分配

要素費用分配基本原則：誰受益、誰負擔、受益多負擔多。要素費用分配方式如表 2-1 所示。

表 2-1　　　　　　要素費用的分配方式

受益對象	1 個	N≥2 個
費用計入方式	直接計入基本生產成本的該種產品明細帳的有關成本項目。	應採用適當的分配方法，分配計入各種產品成本明細帳的有關項目。
分配程序		1. 選擇合適的分配標準 選擇合適的分配標準是保證分配結果合理、準確的前提條件，必須遵循「合理、簡便」的原則同時兼顧費用的性質和特點加以考慮。 2. 分配方法 根據選擇的分配標準確定相應的分配方法，並以此命名。分配間接計入費用的計算公式可概括為： $$\text{費用分配率} = \frac{\text{待分配費用總額}}{\text{各受益對象分配標準之和}}$$ $$\text{某受益對象應負擔的費用} = \text{該對象的分配標準} \times \text{費用分配率}$$ 3. 填製要素費用分配表

（三）直接材料費用的分配

直接材料費用是指直接用於產品生產的材料費用。其中，

構成產品實體並能直接確定歸屬對象的材料費用，應直接計入各產品成本明細帳的「直接材料」成本項目，此時的材料費用屬於直接計入費用；對於幾種產品或其他幾個成本對象共同耗費的材料費用，則需選擇適當的分配標準分配計入各產品成本明細帳的「直接材料」成本項目中，此時的材料費用屬於間接計入費用。

在直接材料費的分配中，對於幾個對象共同耗費的材料費用，如果數量較少，金額不大的，根據重要性原則，可以採用簡化的分配方法，即全部記入「製造費用」中，以省去一些複雜的計算分配工作。

材料費用分配時需要選擇合適的分配標準，分配的標準通常可以採用產品的重量、體積、產量等比例進行分配，在材料消耗定額比較準確的情況下，也可以按材料的定額耗用量或定額成本的比例進行分配。分配標準的選擇，要堅持關係密切、分配合理、核算簡便、相對穩定的原則。較具代表性的分配方法如下：

1. 定額耗用量比例分配法

定額耗用量比例分配法是按各種產品所耗原材料定額耗用量比例分配材料費用的一種方法，它一般在各項材料耗用定額健全且比較準確的情況下採用。其計算公式為：

$$\frac{材料費用}{分配率} = \frac{材料實際總耗用量 \times 材料單價}{各種產品材料定額耗用量之和}$$

$$\frac{某產品應分配}{的材料費用} = \frac{該產品材料}{定額耗用量} \times \frac{材料費用}{分配率}$$

2. 定額成本比例分配法

定額成本比例分配法是按照產品所耗材料定額成本分配材料費用的一種方法，它一般適用於幾種產品共同耗用幾種材料的情況下採用。其計算公式為：

$$\frac{某產品材料}{定額成本} = \frac{該產品}{實際產量} \times \frac{單位產品材料}{定額成本}$$

$$\text{材料定額成本分配率} = \frac{\text{各種產品實際材料費用總額}}{\text{各種產品材料定額成本之和}}$$

$$\text{某產品應分配的材料費用} = \text{該產品材料定額成本} \times \text{材料定額成本分配率}$$

(四) 輔助生產費用分配的交互分配法、計劃成本法、代數分配法

1. 交互分配法

採用交互分配法時，交互分配率應按待分配費用除以產品、勞務總量計算；進行對外分配費用時，其待分配費用應按交互分配前的費用，加上交互分配轉入的費用，減去交互分配轉出的費用計算。對外分配率，應按對外分配的費用除以外部耗用量計算。其計算公式為：

$$\text{交互分配率} = \frac{\text{分配前費用}}{\text{產品、勞務總量（小於實際單位成本）}}$$

某輔助車間負擔的費用＝該輔助車間耗用量×交互分配率

對外分配費用＝分配前費用＋交互分配轉入費用－交互分配轉出費用

$$\text{對外分配率} = \frac{\text{對外分配費用}}{\text{外部耗用量}}$$

某外部受益對象負擔的費用＝該對象耗用量×對外分配率

2. 計劃成本法

採用這種方法，費用的交互分配和對外分配都按輔助生產勞務或產品的計劃單位成本和勞務數量分配，因而交互分配和對外分配是一次完成的。按計劃成本分配以後，各輔助生產車間的實際成本，應該根據待分配費用的小計數，加上按計劃單位成本交互分配轉入的費用計算求出。由於各輔助生產車間的實際成本不是對外分配的待分配費用，因而不應該像採用交互分配法時計算對外待分配費用那樣，再減去交互分配轉出的費用。從理論上說，按計劃成本分配以後計算出的輔助生產成本差異，還應在各受益單位之間進行追加分配。只有這樣，才能

計算出各受益單位所應負擔的實際輔助生產費用。但是，為了簡化費用分配工作，也為了使各受益單位所負擔的輔助生產費用多少不受輔助生產成本高低的影響，便於進行各該單位的成本分析和考核，輔助生產的成本差異，不進行追加分配，而全部計入「管理費用」科目。

3. 代數分配法

代數分配法是先根據數學上解聯立方程的原理，計算出輔助生產單位產品和勞務的實際單位成本，再按照產品和勞務的實際供應量和實際單位成本，在全部受益對象之間分配輔助生產費用的方法。

(五) 生產費用在完工產品與在產品之間的分配

1. 有哪些分配方法？

生產費用在完工產品與在產品之間的分配可遵循的基本計算公式為：

月初在產品費用+本月生產費用＝本月完工產品成本+月末在產品成本

公式的前兩項是已知數，后兩項是未知數，前兩項的費用之和，在完工產品和月末在產品之間採用一定的方法進行分配。分配的方法可以歸納為兩種：①先計算確定月末在產品成本，然后倒算出完工產品成本；②將公式前兩項之和按照一定比例在完工產品和月末在產品之間進行分配，同時求得完工產品成本和月末在產品成本。

生產費用在完工產品與在產品之間分配的具體方法主要有不計算在產品成本法、按年初數固定計算在產品成本法、在產品按所耗原材料費用計價法、約當產量比例法、在產品按完工產品成本計算法、在產品按定額成本計價法和定額比例法七種。

2. 如何選擇分配方法？

企業應根據其在產品數量的多少、各月在產品數量變化的大小、各種費用比重的大小，以及定額管理基礎好壞等具體條件和實際情況，選擇既合理又簡便的分配方法。

3. 需要重點理解掌握的方法

（1）約當產量法。它是指將月末結存的在產品數量，按其完工程度折合成約當產量，然后再將產品應負擔的全部生產費用，按完工產品產量和在產品約當產量的比例進行分配的一種方法。這種方法的計算公式為（按照計算的順序）：

月末在產品約當產量＝月末在產品產量×在產品完工程度

$$費用分配率 = \frac{本月某項生產費用合計}{完工產品數量 + 月末在產品約當產量}$$

完工產品某成本項目金額＝完工產品數量×費用分配率

$$\frac{月末在產品}{某成本項目金額} = 月末在產品約當產量 × 費用分配率$$

或 $$\frac{月末在產品}{某成本項目金額} = 該項目費用合計 - 完工產品該項目金額$$

（2）在產品按定額成本計價法。它是指月末在產品按預先制定的定額成本計算，實際生產費用脫離定額的差異，全部由完工產品成本負擔的方法。這種方法簡化了生產費用在月末在產品和本月完工產品之間的分配。由於它將生產費用脫離定額的差異，全部計入了當月完工產品成本，因此只適用於各項消耗定額和費用定額比較準確、穩定，定額管理基礎工作較好，並且各月在產品數量也比較穩定的產品。否則，將影響本月完工產品成本計算的準確性，不利於產品成本的分析和考核。其計算公式為：

①在產品定額成本的計算公式為：
直接材料＝在產品數量×材料消耗定額×材料計劃單價
直接人工＝在產品數量×工時定額×計劃小時工資率
製造費用＝在產品數量×工時定額×計劃小時費用率
在產品定額成本＝(直接材料+直接人工+製造費用)定額成本

②完工產品成本的計算公式為：

$$\frac{完工產品}{某成本項目金額} = 該項目費用合計 - 在產品相應項目定額成本$$

（3）定額比例分配法。它是根據月末在產品定額耗用量

（或定額費用）和本月完工產品定額耗用量（或定額費用）的比例來分配生產費用，以確定月末在產品實際成本和完工產品實際成本的方法。它適用於各項消耗定額資料比較完整、準確、生產工藝過程已經定型的產品。

採用定額比例法時，如果原材料費用按定額原材料費用比例分配，各項加工費用均按定額工時比例分配。其分配計算公式為：

$$費用分配率 = \frac{本月某項生產費用合計}{完工產品定額 + 月末在產品定額}$$

或：

$$費用分配率 = \frac{本月某項生產費用合計}{月初在產品定額 + 本月投入定額}$$

注意：公式中的定額包括定額消耗量、定額費用及定額工時。直接材料成本項目一般選擇定額消耗量或定額費用為分配標準；加工費用一般選擇定額工時或定額費用為分配標準。

完工產品成本和月末在產品成本的計算公式分別為：

完工產品成本 = Σ完工產品定額 × 費用分配率

月末在產品成本 = Σ月末在產品定額 × 費用分配率

　　　　　　　= 月初在產品成本 + 本月生產費用 − 完工產品成本

三、同步訓練

（一）單項選擇題

1. 下列各項中，不能作為「製造費用」分配的依據是（　）。
 A. 直接薪酬　　　　　B. 生產工時
 C. 機器工時　　　　　D. 生產工人人數

2. 分配輔助生產費用時，下列各項中，不需要計算產品或勞務的費用分配率的方法是（　）。
 A. 直接分配法　　　　B. 交互分配法
 C. 代數分配法　　　　D. 計劃成本分配法

3. 下列各項中，適用採用不計算在產品成本法在完工產品和在產品之間分配費用的情況是（　　）。

　　A. 沒有在產品

　　B. 各月末在產品數量較大

　　C. 各月末在產品數量較少

　　D. 各月末在產品數量變化小

4. 下列各項中，不能作為兩種或兩種以上產品「共同材料」的分配依據是（　　）。

　　A. 產品重量　　　　　　B. 產品體積

　　C. 直接薪酬　　　　　　D. 產品性能

5. 下列各項中，在完工產品和在產品之間分配費用，適用採用在產品成本按年初固定數確定的方法的是（　　）。

　　A. 各月末在產品數量較少

　　B. 各月末在產品數量較大

　　C. 沒有在產品

　　D. 各月末在產品數量變化小

6. 下列各項中，屬於不考慮輔助生產車間之間相互提供勞務的輔助生產費用的分配方法是（　　）。

　　A. 代數分配法　　　　　B. 直接分配法

　　C. 交互分配法　　　　　D. 按計劃成本分配法

7. 下列各項中，關於採用輔助生產費用分配的交互分配法對外分配的費用總額的表述，正確的是（　　）。

　　A. 交互分配前的費用

　　B. 交互分配前的費用加上交互分配轉入的費用

　　C. 交互分配前的費用減去交互分配轉出的費用

　　D. 交互分配前的費用加上交互分配轉入的費用、減去交互分配轉出的費用

8. 在採用固定在產品成本法時，下列各項中，與1~11月各月完工產品成本相等的是（　　）。

　　A. 年初在產品成本　　　B. 年末在產品成本

　　C. 生產費用合計數　　　D. 本月發生生產費用

9. 某產品經三道工序加工而成，各工序的工時定額分別為 10 小時、20 小時、20 小時，各工序在產品在本工序的加工程度為 50%，第三工序在產品全過程的完工程度為（　　）。

  A. 40%　　　　　　　　B. 50%

  C. 80%　　　　　　　　D. 100%

10. 輔助生產車間採用計劃成本分配法時，為簡化分配工作，將輔助生產成本差異全部調整計入下列帳戶的是（　　）。

  A.「製造費用」　　　　B.「生產費用」

  C.「輔助生產成本」　　D.「管理費用」

11. 如果原材料在生產開始時一次投入，月末在產品的投料程度為（　　）。

  A. 0　　　　　　　　　B. 50%

  C. 60%　　　　　　　　D. 100%

12. 某廠輔助生產的發電車間待分配費用 9,840 元，提供給輔助生產的供水車間 5,640 度、基本生產車間 38,760 度、行政管理部門 4,800 度，共計 49,200 度。採用直接分配法，其費用分配率為（　　）。

  A. 9,840÷（38,760+4,800）

  B. 9,840÷49,200

  C. 9,840÷（5,640+38,760）

  D. 9,840÷（5,640+4,800）

（二）多項選擇題

1. 下列各項中，屬於正確計算產品成本應該正確劃分的費用界限有（　　）。

  A. 生產費用與經營管理費用的界限

  B. 完工產品和在產品成本的界限

  C. 各月份的費用界限

  D. 各種產品的費用界限

2. 下列各項中，屬於生產費用按經濟內容分類的項目有（　　）。

A. 外購材料　　　　　B. 直接人工
C. 折舊費　　　　　　D. 製造費用

3. 根據工資結算匯總表和直接人工費用分配表進行分配結轉工資費用的帳務處理時，會計分錄中對應的下列借方科目有（　　）。

A. 生產成本　　　　　B. 製造費用
C. 財務費用　　　　　D. 管理費用

4. 下列各項中，考慮了輔助生產單位之間交互分配費用的方法有（　　）。

A. 交互分配法　　　　B. 代數分配法
C. 直接分配法　　　　D. 計劃成本分配法

5. 下列各項中，屬於製造費用的項目有（　　）。

A. 生產單位管理人員的工資及提取的其他職工薪酬
B. 生產單位固定資產的折舊費
C. 生產單位固定資產的修理費
D. 企業行政管理部門固定資產的折舊費

6. 下列各項中，屬於採用定額比例法分配完工產品和在產品費用應具備的條件有（　　）。

A. 消耗定額比較準確
B. 消耗定額比較穩定
C. 各月末在產品數量變化不大
D. 各月末在產品數量變化較大

7. 下列各項中，屬於選擇生產費用在完工產品與在產品之間分配的方法應考慮的因素有（　　）。

A. 在產品數量的多少
B. 各月在產品數量變化的大小
C. 各項費用比重的大小
D. 定額管理基礎的好壞

8. 下列各項中，屬於企業發出材料可能借記的帳戶有（　　）。

A.「原材料」　　　　B.「生產成本」

C.「管理費用」　　　　　D.「材料成本差異」

9. 下列各項中，屬於完工產品與在產品之間分配費用的方法有（　　　）。

　　A. 約當產量比例分配法　　B. 交互分配法
　　C. 固定成本計價法　　　　D. 定額比例法

10. 下列各項中，屬於企業分配職工薪酬費用可能借記的帳戶有（　　　）。

　　A.「在建工程」　　　　　B.「管理費用」
　　C.「生產成本」　　　　　D.「製造費用」

11. 下列各項中，屬於在企業設置了「生產成本」總帳科目的情況下，還可以設置的總帳科目有（　　　）。

　　A.「基本生產成本」　　　B.「製造費用」
　　C.「廢品損失」　　　　　D.「生產費用」

12. 下列各項中，屬於成本項目的有（　　　）。

　　A. 直接材料　　　　　　B. 直接人工
　　C. 財務費用　　　　　　D. 管理費用

(三) 判斷題

1. 企業所有產品均需要在月末將其生產費用的累計數在完工產品與在產品之間進行分配。　　　　　　　　　　　（　　）

2. 各月末在產品數量變化不大的產品，可以不計算月末在產品成本。　　　　　　　　　　　　　　　　　　　　（　　）

3. 採用月末在產品按定額成本計價法時，月末在產品定額成本與其實際成本的差異，由完工產品成本承擔。（　　）

4. 在生產車間只生產一種產品的情況下，所有的生產費用均為直接計入費用。　　　　　　　　　　　　　　　（　　）

5. 採用計劃成本分配法，輔助生產的成本差異應該全部計入管理費用。　　　　　　　　　　　　　　　　　　（　　）

6. 輔助生產的製造費用可以先通過「製造費用」科目歸集，然后轉入「生產成本——輔助生產成本」科目；也可以直接記入「生產成本——輔助生產成本」科目。（　　）

7. 採用在產品成本按年初固定數額計算的方法時，其基本點是：年內各月的在產品成本都按年初在產品成本計算。（　）

8. 定額耗用量比例分配法的分配標準是單位產品的消耗定額。（　）

9. 企業設置了「生產費用」總帳科目后，可以同時設置「生產成本」和「製造費用」總帳科目。（　）

10. 約當產量比例法只適用於薪酬費用和其他加工費用的分配，不適用原材料費用的分配。（　）

11. 用於產品生產構成產品實體的原材料費用，應記入「生產成本」科目的借方。（　）

12. 企業在生產多種產品時，生產工人的計時工資屬於間接生產費用。（　）

（四）簡答題

1. 產品成本核算應如何開設帳戶？並說明相應帳戶的結構和用途。

2. 輔助生產費用應如何歸集？分別適用於何種情形？

3. 影響輔助生產費用分配方法的因素有哪些？有哪些具體影響？

4. 輔助生產之間交互提供產品或勞務對輔助生產費用的分配產生何種影響？

5. 生產費用在完工產品與在產品之間的分配方法有哪些？在選擇時應考慮哪些因素？

6. 單工序和多工序下約當產量的計算有何不同？為什麼？

（五）計算分析題

1. 某企業生產 A、B 兩種產品，本月產量分別為 150 臺和 280 臺；本月兩種產品共同耗用的材料 2,088 千克，單價 22 元，共計 45,936 元。A 產品的材料消耗定額為 6 千克，B 產品的材料消耗定額為 3 千克，不考慮其他因素。

要求：分别按定额消耗量比例法和定额费用比例法分配材料费用。

2. 某工业企业某月份应付职工薪酬总额为 115,000 元，其中：基本生产车间生产工人的薪酬为 84,000 元，本月生产甲、乙两种产品，甲、乙产品的生产工时分别为 45,000 小时和 30,000 小时；辅助生产车间生产工人的薪酬为 8,000 元；基本生产车间管理人员的薪酬为 8,000 元；辅助生产车间管理人员的薪酬为 2,000 元；行政管理人员的薪酬为 12,000 元；专设销售机构人员的薪酬为 5,000 元。由于该企业辅助生产规模不大因而不单独归集辅助生产的制造费用，不考虑其他因素。

要求：

（1）按生产工时比例分配基本生产车间生产工人的薪酬；

（2）编制月末分配职工薪酬费的会计分录。

3. 某厂外购电力价格为 0.80 元/度，20××年 11 月基本生产车间共用 12,000 度。其中：生产用电 10,000 度，车间照明用电 2,000 度；厂部行政管理部门用电 4,000 度。基本生产车间生产甲、乙两种产品，甲产品的生产工时 2,000 小时，乙产品的生产工时 3,000 小时，产品生产所耗电费按生产工时比例分配。不考虑其他因素。

要求：

（1）分配计算各部门应负担的电费；

（2）分配计算基本生产车间各产品应负担的电费；

（3）计算基本生产车间照明用电应负担的电费；

（4）编制分配电费的会计分录。

4. 某企业设供电、运输两个辅助车间。本月发生的辅助生产费用及提供的劳务量见表 2-2。

表 2-2

辅助生产车间名称	供电车间	运输车间
待分配费用	10,800 元	6,000 元
提供劳务数量	9,000 度	12,000 千米

表2-2(續)

	輔助生產車間名稱	供電車間	運輸車間
耗用勞務數量	供電車間		750 千米
	運輸車間	1,500 度	
	基本車間產品耗用	4,000 度	
	基本車間一般性耗用	3,000 度	11,000 千米
	行政管理部門	500 度	250 千米

不考慮其他因素。

要求：

（1）用交互分配法分配輔助車間的費用，要求列出分配率計算過程並將分配結果填入表2-3中；

（2）編製相應的會計分錄。

表 2-3　　輔助生產費用分配表（交互分配法）　　金額單位：元

項　目	交互分配				對外分配				金額合計
	供電車間		運輸車間		供電車間		運輸車間		
	數量	金額	數量	金額	數量	金額	數量	金額	
待分配費用									
勞務供應量									
費用分配率									
受益對象									
供電車間									
運輸車間									
基本車間　產品生產									
基本車間　一般耗用									
行政管理部門									
合計									

5. 某企業設供電、運輸兩個輔助車間。本月發生的輔助生產費用及提供的勞務量見表2-4。

表2-4

輔助生產車間名稱		供電車間	運輸車間
待分配費用		35,000元	51,500元
提供勞務數量		10,000度	10,000千米
耗用勞務數量	供電車間		1,000千米
	運輸車間	2,000度	
	基本生產車間： 產品生產耗用 一般耗用	3,000度 2,000度	6,000千米
	行政管理部門	3,000度	3,000千米

計劃單位成本：供電車間為4元/度，運輸車間為6元/千米，不考慮其他因素。

要求：

（1）用計劃成本分配法分配輔助生產費用，要求列出成本差異的計算過程並將分配結果填入表2-5中；

（2）編製相應的會計分錄。

表2-5　　輔助生產費用分配表（計劃成本分配法）　　單位：元

項目	分配電費		分配運輸費		成本差異		合計
	數量	金額	數量	金額	供電	運輸	
待分配費用							
勞務供應總量							
計劃單位成本							
受益對象：							
1. 供電車間							
2. 運輸車間							
3. 基本車間產品生產耗用							

表2-5(續)

項　　目	分配電費		分配運輸費		成本差異		合　計
	數量	金額	數量	金額	供電	運輸	
4. 基本車間一般耗用							
5. 行政管理部門							
合　　計							

6. 某產品經兩道工序完工，其月初在產品與本月發生的直接人工之和為255,000元，該月完工產品600件。該產品的工時定額為：第一工序30小時，第二工序20小時。月末在產品數量分別為：第一工序300件，第二工序200件。各工序在產品在本工序的完工程度均按50%計算。不考慮其他因素。

要求：

（1）計算該產品月末在產品的約當產量；

（2）按約當產量比例分配計算完工產品和月末在產品的直接人工。

7. 資料：某企業生產乙產品經過三道工序制成，原材料在生產開始時一次投入。該產品各工序的工時定額和月末在產品及完工產品數量見表2-6。

表 2-6

工序	各工序單位產品工時定額（小時）	月末在產品數量（件）	完工產品數量（件）
1	16	500	—
2	12	400	—
3	12	800	—
合計	40	1,700	4,000

各工序在產品在本工序的加工程度均按50%計算。月初在產品成本和本月生產費用合計為：直接材料34,200元，直接人工20,000元，製造費用15,000元。不考慮其他因素。

要求：

（1）採用約當產量比例法計算分配完工產品與月末在產品成本；

（2）編製完工產品入庫的會計分錄。

8. 某企業 A 產品的原材料在生產開始時一次投料，產品成本中原材料費用所占比重很大，月末在產品按所耗原材料費用計價。該種產品月初在產品原材料費用 6,000 元，本月原材料費用 25,000 元，直接人工費用 4,500 元，製造費用 1,000 元。本月完工產品 700 件，月末在產品 300 件。不考慮其他因素。

要求：

（1）按在產品所耗原材料費用計價法分配計算 A 產品完工產品和月末在產品成本。

（2）編製完工產品入庫的會計分錄。

9. 某產品各項消耗定額比較準確、穩定，各月在產品數量變化不大，月末在產品成本按定額成本計價。該產品月初和本月發生的生產費用合計：原材料費用 50,000 元，直接人工費用 10,000 元，製造費用 20,000 元。原材料於生產開始時一次投入，單位產品原材料費用定額為 40 元。完工產品產量 1,000 件，月末在產品 300 件，月末在產品定額工時共計 800 小時，每小時費用定額：直接人工費用 10 元，製造費用 5 元。不考慮其他因素。

要求：

（1）採用定額成本計價法分配計算月末在產品成本和完工產品成本。

（2）編製完工產品入庫的會計分錄。

10. 某公司全年製造費用計劃為 200,000 元，本月實際發生製造費用 25,000 元。有關資料見表 2-7。

表 2-7

項　　目	A 產品	B 產品	合計
產品計劃產量	1,000 件	1,200 件	
本月實際產量	100 件	150 件	
單位產品工時定額	4 小時	5 小時	

要求：採用計劃分配率分配法分配該月的製造費用。

四、同步訓練答案

（一）單項選擇題

1. D　　2. D　　3. C　　4. D　　5. D　　6. B
7. D　　8. D　　9. C　　1. D　　11. D　　12. A

（二）多項選擇題

1. ABCD　2. AC　　3. ABD　　4. ABD　　5. AB
6. ABD　　7. ABCD　8. BC　　9. ACD　　10. ABCD
11. BC　　12. AB

（三）判斷題

1. ×　　2. ×　　3. √　　4. √　　5. √　　6. √
7. ×　　8. ×　　9. ×　　10. ×　　11. √　　12. ×

（四）簡答題（略）

（五）計算分析題

1.（1）原材料費用分配率＝45,936÷（150×6+280×3）
　　　　　　　　　　　　＝45,936÷1,740＝26.4
A 產品應負擔的原材料費用＝150×6×26.4＝23,760(元)
B 產品應負擔的原材料費用＝280×3×26.4＝22,176(元)

(2) 原材料費用分配率 = 45,936÷(150×6×22+280×3×22)
                              = 1.2

A 產品應負擔的原材料費用 = 150×6×22×1.2 = 23,760(元)

B 產品應負擔的原材料費用 = 280×3×22×1.2 = 22,176(元)

2. (1) 直接人工費用分配率 = 84,000÷(45,000+30,000)
                                = 1.12

甲產品應負擔的直接人工費用 = 45,000×1.12 = 50,400(元)

乙產品應負擔的直接人工費用 = 3,000×1.12 = 33,600(元)

(2) 借：生產成本——基本生產成本——甲產品 50,400

　　　　　　　　　　　　　　　——乙產品 33,600

　　　　生產成本——輔助生產成本　　　10,000

　　　　製造費用——基本車間　　　　　 8,000

　　　　管理費用　　　　　　　　　　 12,000

　　　　銷售費用　　　　　　　　　　　5,000

　　　貸：應付職工薪酬——工資　　　　119,000

3. 解：

(1) 基本車間應負擔的電費 = 12,000×0.8 = 9,600（元）

行政管理部門應負擔的電費 = 4,000×0.8 = 3,200（元）

(2) 基本車間產品生產應負擔的電費 = 10,000×0.8
                                    = 8,000（元）

產品電費分配率 = 8,000÷(2,000 + 3,000) = 1.60（元/小時）

甲產品應負擔的電費 = 2,000×1.6 = 3,200（元）

乙產品應負擔的電費 = 3,000×1.6 = 4,800（元）

(3) 基本車間照明應負擔的電費 = 2,000×0.8 = 1,600（元）

(4) 借：生產成本——基本生產成本——甲產品 3,200

　　　　　　　　　　　　　　　——乙產品 4,800

　　　　製造費用——基本車間　　　　　 1,600

　　　　管理費用——水電費　　　　　　 3,200

　　　貸：應付帳款——××供電部門　　 12,800

4. 解答：

（1）填表：

表 2-8　　　　輔助生產費用分配表（交互分配法）　　金額單位：元

項目	交互分配 供電車間 數量	金額	交互分配 運輸車間 數量	金額	對外分配 供電車間 數量	金額	對外分配 運輸車間 數量	金額	金額合計
待分配費用		10,800		6,000		9,375		7,425	16,800
勞務供應量	9,000		12,000		7,500		11,250		
分配率		1.2		0.5		1.25		0.66	
受益對象									
供電車間			750	375					375
運輸車間	1,500	1,800							1,800
基本車間 產品生產					4,000	5,000			5,000
基本車間 一般耗用					3,000	3,750	11,000	7,260	11,010
行政部門					500	625	250	165	790
合計		1,800		375		9,375		7,425	18,975

供電車間交互分配率＝10,800÷9,000＝1.2

運輸車間交互分配率＝6,000÷12,000＝0.5

供電車間對外分配率＝（10,800＋375－1,800）÷7,500
　　　　　　　　　＝1.25

運輸車間對外分配率＝（6,000＋1,800－375）÷11,250
　　　　　　　　　＝0.66

會計分錄：

（1）

借：生產成本——輔助生產成本——供電車間　　375

　　　　　　　　　　　　　　　　——運輸車間　1,800

　貸：生產成本——輔助生產成本——供電車間　1,800

　　　　　　　　　　　　　　　　——運輸車間　　375

（2）

借：生產成本——基本生產成本　　　　　　　　5,000
　　製造費用——基本車間　　　　　　　　　　11,010
　　管理費用　　　　　　　　　　　　　　　　790
　　貸：生產成本——輔助生產成本——供電車間　9,375
　　　　　　　　　　　　　　　　——運輸車間　7,425

5. 解：

表 2-9　　輔助生產費用分配表（計劃成本分配法）　　　單位：元

項目	分配電費 數量	分配電費 金額	分配運輸費 數量	分配運輸費 金額	成本差異 供電	成本差異 運輸	合計
待分配費用		35,000		51,500			86,500
勞務供應總量	10,000		10,000				
計劃單位成本		4		6			
受益對象：							
1. 供電車間			1,000	6,000			6,000
2. 運輸部門	2,000	8,000					8,000
3. 基本車間產品生產耗用	3,000	12,000					12,000
4. 基本車間一般耗用	2,000	8,000	6,000	36,000			44,000
5. 行政管理部門	3,000	12,000	3,000	18,000	1,000	-500	30,500
合　　計		40,000		60,000	1,000	-500	100,500

（1）成本差異：

供電車間成本＝35,000+6,000-40,000＝1,000（元）

運輸車間成本＝51,500+8,000-60,000＝-500（元）

（2）分配費用及調整差異分錄：

借：生產成本——輔助生產成本（供電車間）　　6,000
　　　　　　——輔助生產成本（運輸車間）　　8,000
　　　　　　——基本生產成本　　　　　　　　12,000
　　製造費用——基本生產車間　　　　　　　　44,000
　　管理費用　　　　　　　　　　　　　　　　30,000

贷：生产成本——辅助生产成本（供电车间） 40,000
　　　　——辅助生产成本（运输车间） 60,000
借：管理费用 500
　　贷：生产成本——辅助生产成本（供电车间） 1,000
　　　　——辅助生产成本（运输车间） 500

6. 解：

（1）第一工序（全过程）完工程度＝30×0.5÷50＝30%

第二工序完工程度＝（30+20×0.5）÷50＝80%

月末在产品约当产量＝300×30%+200×80%

　　　　　　　　　＝90+160

　　　　　　　　　＝250（件）

（2）分配率＝255,000÷（600+250）＝300（元/件）

完工产品负担的直接人工＝300×600＝180,000（元）

月末在产品负担的直接人工＝255,000－180,000＝75,000（元）

7. 解：

（1）①分工序计算完工率：

第一工序：（16×0.5）÷40＝20%

第二工序：（16+12×0.5）÷40＝55%

第三工序：（16+12+12×0.5）÷40＝85%

②分工序计算在产品约当产量：

第一工序：500×20%＝100

第二工序：400×55%＝220

第三工序：800×85%＝680

合计：100+220+680＝1,000

③计算费用分配率：

直接材料：34,200÷（4,000+500+400+800）＝6

直接人工：20,000÷（4,000+1,000）＝4

制造费用：15,000÷（4,000+1,000）＝3

④计算分配完工产品与月末在产品费用：

完工產品成本：4,000×(6+4+3)=52,000(元)
在產品成本：34,200+20,000+15,000−52,000=17,200(元)

（2）編製完工產品入庫的會計分錄：

借：庫存商品　　　　　　　　　　　　　　52,000
　　貸：生產成本——基本生產成本　　　　　52,000

8. 解：

（1）原材料費用分配率＝(6,000+25,000)÷(700+300)＝31

完工產品原材料費用＝700×31＝21,700（元）

月末在產品原材料費用（成本）＝300×31＝9,300（元）

完工產品成本＝21,700+4,500+1,000＝27,200（元）

（2）編製完工產品入庫的會計分錄：

借：庫存商品——A產品　　　　　　　　　27,200
　　貸：生產成本——基本生產成本——A產品　27,200

9. 解：

（1）在產品定額成本＝300×40 + 800×10 + 800×5

　　　　　　　　　　＝12,000 + 8,000 + 4,000

　　　　　　　　　　＝24,000（元）

完工產品成本＝(50,000−300×40)+(10,000−800×10)

　　　　　　　+(20,000−800×5)

　　　　　　　＝38,000+2,000+16,000

　　　　　　　＝56,000（元）

（2）編製完工產品入庫的會計分錄：

借：庫存商品　　　　　　　　　　　　　　56,000
　　貸：生產成本——基本生產成本　　　　　56,000

10. 解：年度計劃製造費用分配率＝200,000÷(1,000+1,200×5)

　　　　　　　　　　　　　　　＝20

A產品本月分配的製造費用＝100×4×20＝8,000（元）

B產品本月分配的製造費用＝150×5×20＝15,000（元）

第三章 產品成本核算的基本方法

一、學習目的

通過本章學習，主要達到以下目的：

1. 瞭解品種法的概念和適用範圍，領會品種法的特點和計算程序，掌握品種法的具體計算；

2. 瞭解分批法的概念和適用範圍，領會分批法的特點和計算程序，掌握分批法的具體計算和簡化分批法的特點、計算程序及具體應用；

3. 瞭解分步法的概念和適用範圍，領會分步法的特點和計算程序，掌握分步法的具體計算及應用，包括逐步結轉分步法和平行結轉分步法。

二、重點和難點

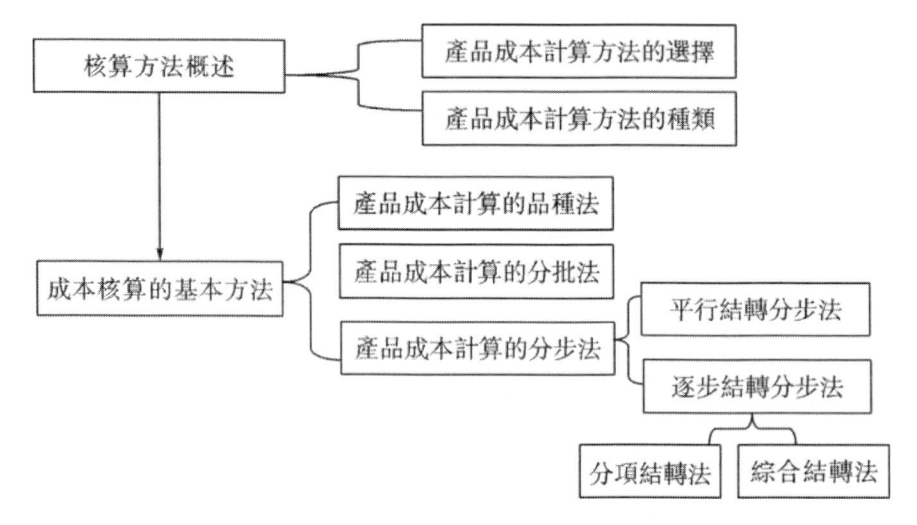

```
                    ┌─ 產品成本計算方法的選擇
核算方法概述 ───────┤
                    └─ 產品成本計算方法的種類

                        ┌─ 產品成本計算的品種法
成本核算的基本方法 ─────┤─ 產品成本計算的分批法
                        │                        ┌─ 平行結轉分步法
                        └─ 產品成本計算的分步法 ─┤
                                                 └─ 逐步結轉分步法 ─┬─ 分項結轉法
                                                                    └─ 綜合結轉法
```

三種成本計算方法的特點比較：

表 3-1　　　　　　　　成本計算基本方法比較

成本計算方法	成本計算對象	成本計算期	期末在產品成本的計算	適用範圍	
				生產特點	管理要求
品種法	產品品種	按月計算，與會計報告期一致	單步驟生產下一般不需計算；多步驟生產下一般需計算	大量大批單步驟或多步驟生產	管理上不要求分步計算產品成本
分批法	產品批別	不定期計算，與生產週期一致	一般不需要計算	單件小批單步驟或多步驟生產	管理上不要求分步計算成本
分步法	生產步驟	按月計算，與會計報告期一致	需要計算	大量大批多步驟生產	管理上要求分步計算成本

（一）品種法的特點和計算程序

1. 品種法的特點

（1）成本計算對象是產品品種；

（2）品種法下一般定期（每月月末）計算產品成本；

（3）如果企業月末有在產品，要將生產費用在完工產品和在產品之間進行分配。

2. 品種法的計算程序

（1）按產品品種開設產品成本明細帳及相應的產品成本計算單。在採用品種法計算產品成本的企業或車間中，如果只生產一種產品，成本計算對象就是這種產品的產成品成本。計算產品成本時，只需要為這種產品開設一種產品成本明細帳，帳內按照成本項目設立專欄或專行。在這種情況下，發生的生產費用全部都是直接計入費用，可以直接計入產品成本明細帳，不需要在各成本計算對象之間分配費用。如果生產的產品不止一種，就要按照產品的品種分別開設產品成本明細帳，發生的直接計入費用應直接計入各產品成本明細帳，間接計入費用則要採用適當的分配方法，在各成本計算對象之間分配，然后計入各產品成本明細帳。

（2）生產費用在各種產品之間的歸集和分配。生產費用發生后，按照產品品種確定的成本計算對象，在各種產品之間進行分配后，分別計入各種產品成本明細帳中。

（3）生產費用在完工產品與在產品之間的歸集和分配。在月末計算產品成本時，如果沒有在產品，或者在產品數量很少，則不需要計算月末在產品成本。這樣，各種產品成本明細帳中按照成本項目歸集的全部生產費用，就是各該產品的產成品總成本；除以產品產量，就是各該產品的單位成本。如果有在產品，而且數量較多，還需要將產品成本明細帳中歸集的生產費用，採用適當的分配方法在完工產品和月末在產品之間進行分配，以便計算完工產品和月末在產品的成本。

（二）簡化分批法的概念和特點

1. 簡化分批法的概念

在單件小批生產的情況下，如果產品的批數很多，而且月末未完工產品的批數也很多，可以採用簡化的分批法計算產品

成本。

２. 簡化分批法的特點

（１）必須設置生產成本二級帳。採用簡化的分批法，仍應按照產品批別設置產品生產成本明細帳；同時，必須按生產單位設置基本生產成本二級帳。產品生產成本明細帳按月登記各批產品的直接計入費用（如直接材料費用）和生產工時。各月發生的間接計入費用（如直接人工費用和製造費用）不按月在各批產品之間進行分配，而是按成本項目登記在基本生產成本二級帳中。只有在有完工產品的那個月份，才將基本生產成本二級帳中累計起來的費用，按照本月完工產品工時占全部累計工時的比例，向本月完工產品進行分配；未完工產品的間接計入費用，保留在基本生產成本二級帳中。本月完工產品從基本生產成本二級帳分配轉入的間接計入費用，加上產品生產成本明細帳原登記的直接計入費用，即為本月完工產品總成本。

（２）不分批計算月末在產品成本。將本月完工產品應負擔的間接計入費用轉入各完工產品生產成本明細帳以後，基本生產成本二級帳反應全部批次月末在產品的成本。各批次未完工產品的生產成本明細帳上只反應了累計直接計入費用和累計工時，不反應各批次月末在產品成本。月末，基本生產成本二級帳與產品生產成本明細帳只能核對直接計入費用，不能核對全部余額。

（３）通過計算累計費用分配率來分配間接計入費用。簡化的分批法將間接計入費用在各批產品之間的分配和在本月完工產品與月末在產品（全部批次）之間的分配一次完成，大大簡化了成本計算工作。間接計入費用的分配，是利用計算出的累計間接計入費用分配率進行的。其計算公式為：

$$累計間接計入費用分配率 = \frac{累計間接計入費用}{累計工時}$$

$$完工批別應負擔的間接計入費用 = 該批產品累計工時 \times 累計間接計入費用分配率$$

（三）分步法

1. 分步法的含義

（1）分步法是指以產品的生產步驟作為成本核算對象歸集和分配生產費用、計算產品成本的方法。根據成本管理對各生產步驟成本資料的不同要求（是否要求計算半成品成本）和簡化核算的需要，分為逐步結轉分步法和平行結轉分步法兩種。

（2）逐步結轉分步法是指按照生產步驟逐步計算並結轉半成品成本，直到最後步驟計算出產成品成本的方法。它也稱為計算半成品成本分步法、順序結轉分步法、滾動計算分步法等。

（3）平行結轉分步法是指將各生產步驟應計入相同產成品成本的份額平行匯總，以求得產成品成本的方法。平行結轉分步法按照生產步驟歸集費用，但只計算完工產成品應負擔的各生產步驟的成本「份額」，不計算和結轉各生產步驟的半成品成本，因此，它也稱為不計算半成品成本的分步法、不順序結轉分步法、不滾動計算分步法等。

2. 分步法的特點

（1）成本計算對象是各種產品的生產步驟。在分步法下除了按品種計算和結轉產品成本外，還需要計算和結轉產品的各步驟成本，其成本計算對象，是各種產品及其所經過的各個加工步驟；如果企業只生產一種產品，則成本計算對象就是該種產品及其所經過的各個生產步驟。

（2）成本計算期是固定的，與產品的生產週期不一致。

（3）月末為計算完工產品成本，需要將歸集在生產成本明細帳中的生產費用在完工產品和在產品之間進行分配。

3. 分步法的成本計算程序

（1）逐步結轉分步法成本計算程序：首先計算第一步驟所生產的半成品成本，並將其轉入第二步驟；然後將第二步驟發生的各種費用，加上第一步驟轉入的半成品成本，計算出第二步驟所生產的半成品成本，並將其轉入第三步驟。以此類推，直至最後一個步驟計算出產成品成本。按照結轉半成品成本方

法的不同，分為：

第一，綜合結轉法。綜合結轉法是將上一生產步驟轉入下一生產步驟的半成品成本，不分成本項目，全部記入下一生產步驟產品生產成本明細帳中的「直接材料」成本項目或專設的「自製半成品」成本項目，綜合反應各步驟所耗上一步驟所生產半成品成本的方法。

第二，分項結轉法。分項結轉法是將上一生產步驟轉入下一生產步驟的半成品成本，按其原始成本項目，分別記入下一生產步驟產品生產成本明細帳中對應的成本項目之中，分項反應各步驟所耗上一步驟所生產半成品成本的方法。

（2）平行結轉分步法成本計算程序：首先由各生產步驟計算出某產品在本步驟所發生的各種費用；然后將各生產步驟所發生的費用在最終產成品與月末在產品（廣義在產品）之間進行分配，確定各生產步驟應計入產成品成本的「份額」；最后將各生產步驟應計入相同產成品成本的份額直接相加（匯總），計算出最終產成品的實際總成本。

4. 平行結轉分步法與逐步結轉分步法的區別

表 3-2

區別點	平行結轉分步法	逐步結轉分步法
成本管理的要求不同	在管理上要求分步驟歸集費用，但不要求計算各步驟半成品成本，是不計算半成品成本的分步法。當企業半成品的種類比較多，且不對外銷售時，在成本管理上可以不要求計算半成品成本。這時，採用平行結轉分步法，可以簡化和加速成本核算工作。	在管理上要求計算半成品成本，是計算半成品成本的分步法。當企業半成品可以加工為多種產成品，或者有自製半成品對外銷售，或者需要進行半成品成本控制和同行業半成品成本比較時，在成本管理上必然要求計算半成品成本。這時，採用逐步結轉分步法，可以為分析和考核各生產步驟半成品成本計劃的執行情況，以及正確計算自製半成品的銷售成本提供資料。

表3-2(續)

區別點	平行結轉分步法	逐步結轉分步法
產成品成本的計算方式不同	將各生產步驟應計入相同產成品成本的份額匯總，來求得產成品成本的。各生產步驟只歸集本步驟發生的生產費用，應計入產成品成本的份額可以同時進行計算，不需要等待，進而可以簡化和加速成本核算工作。	按照產品成本核算所劃分的生產步驟，逐步計算和結轉半成品成本，直到最後步驟計算出產成品成本。各生產步驟的成本核算要等待上一步驟的成本核算結果(轉入的半成品成本數額)。按結轉半成品成本方式的不同分為綜合結轉和分項結轉。
在產品的含義不同	期末在產品既包括本步驟正在加工的在製品，又包括已經完工交給以後各步驟，但尚未最終完工的半成品，即廣義在產品。半成品的實物已經轉移，但成本仍留在本步驟；即使有半成品倉庫辦理半成品的收入、發出和存放，也只進行數量核算。不利於加強在產品和自製半成品的管理。	各生產步驟的完工產品是指本步驟已經完工的半成品（最後步驟為產成品），在產品只指本步驟正在加工的在製品，即狹義在產品。有利於加強在產品和自製半成品的管理。

三、同步訓練

(一) 單項選擇題

1. 下列各項中，屬於區分各種不同傳統成本計算法的標誌是（　　）。
　　A. 成本計算期　　　　　B. 成本計算對象
　　C. 橫向生產費用劃分方法　D. 縱向生產費用劃分方法

2. 下列各項中，屬於分類法成本計算對象的是（　　）。
　　A. 產品品種　　　　　　B. 產品類別
　　C. 產品批次　　　　　　D. 產品生產步驟

3. 下列各項中，屬於成本計算期與生產週期一致的成本核算方法是（　　）。
　　A. 品種法　　　　　　　B. 分步法
　　C. 分類法　　　　　　　D. 分批法

4. 下列成本計算方法中，必須設置基本生產成本二級帳的是（   ）。

  A. 分批法   B. 品種法
  C. 分步法   D. 簡化分批法

5. 下列成本計算方法中，屬於產品成本計算輔助方法的是（   ）。

  A. 品種法   B. 分步法
  C. 定額法   D. 分批法

6. 下列各項中，屬於分步法下產品成本還原的對象是（   ）。

  A. 自製半成品成本

  B. 各步驟半成品成本

  C. 產成品成本中的「半成品」成本

  D. 各步驟所耗上一步驟半成品的綜合成本

7. 下列各項中，屬於分批法適用的生產組織形式是（   ）。

  A. 大量生產   B. 成批生產
  C. 單件小批生產   D. 大量大批生產

8. 某企業只生產一種產品，生產分兩個步驟在兩個車間進行，第一車間為第二車間提供半成品，第二車間將半成品加工成產成品。月初兩個車間均沒有在產品。本月第一車間投產100件，有80件完工並轉入第二車間，月末第一車間尚未加工完成的在產品相對於本步驟的完工程度為60%；第二車間完工50件，月末第二車間尚未加工完成的在產品相對於本步驟的完工程度為50%。該企業按照平行結轉分步法計算產品成本，各生產車間按約當產量法在完工產品和在產品之間分配生產費用。月末第一車間在產品約當產量為（   ）。

  A. 12   B. 27
  C. 42   D. 50

9. 下列各項中，屬於品種法和分步法的共同點是（   ）。

  A. 適用範圍   B. 成本計算方法

C. 成本計算對象　　　　D. 成本計算週期

10. 下列各項中，需要進行成本還原計算的方法是（　　）。

　　A. 平行結轉分步法　　B. 分項結轉分步法
　　C. 綜合結轉分步法　　D. 分類結轉分步法

(二) 多項選擇題

1. 採用分批法時，下列各項中，屬於批量不大、批內產品跨月陸續完工數量不多時，月末計算完工產品成本可依據的單位成本有（　　）。

　　A. 計劃單位成本
　　B. 根據具體條件採用適當的分配方法
　　C. 定額單位成本
　　D. 最近一期相同產品的實際單位成本

2. 下列各項中，屬於產品成本計算的基本方法的有（　　）。

　　A. 品種法　　　　　　B. 分批法
　　C. 分步法　　　　　　D. 分類法

3. 下列各項中，屬於廣義在產品的有（　　）。

　　A. 生產單位正在加工中的在製品
　　B. 加工已告一段落的自製半成品
　　C. 存放在半成品庫裡的自製半成品
　　D. 已完成銷售的自製半成品

4. 下列各項中，屬於簡化分批法的特點有（　　）。

　　A. 必須按生產單位設置基本生產成本二級帳
　　B. 未完工產品不分配結轉間接計入費用
　　C. 通過計算累計間接計入費用分配率分配完工產品應
　　　　負擔的間接計入費用
　　D. 期末在產品不負擔間接計入費用

5. 下列各項中，屬於品種法適用範圍的有（　　）。

　　A. 大量大批單步驟生產

B. 管理上不要求分步驟計算產品成本的大量大批多步驟生產

C. 小批單件單步驟生產

D. 管理上不要求分步驟計算產品成本的小批單件多步驟生產

6. 逐步結轉分步法下半成品成本的計算和結轉時，下列各項中，可以採用的結轉方式有（　　）。

  A. 綜合結轉　　　　　　B. 逐步結轉
  C. 分項結轉　　　　　　D. 平行結轉

7. 下列各項中，可以或者應該採用分類法計算產品成本的有（　　）。

  A. 聯產品

  B. 品種單一、產量大的產品

  C. 品種規格繁多，但可以按規定標準分類的產品

  D. 品種規格多，且數量少、費用比重小的一些零星產品

8. 下列各項中，屬於採用分項結轉法結轉半成品成本的優點有（　　）。

  A. 便於各生產步驟的成本分析

  B. 便於各生產步驟進行完工產品的成本分析

  C. 便於從整個企業角度考核和分析產品成本計劃的執行情況

  D. 可以直接、如實地提供按原始成本項目反應的產品成本資料

9. 下列各項中，屬於分批法和分步法的不同點是（　　）。

  A. 適用範圍　　　　　　B. 成本計算方法
  C. 成本計算對象　　　　D. 成本計算週期

10. 下列各項中，關於逐步結轉分步法和平行結轉分步法區別的表述，正確的是（　　）。

  A. 在產品的含義不同　　B. 計算的產品成本不同

C. 成本管理的要求不同　　D. 成本的計算方式不同

（三）判斷題

1. 簡化的分批法也叫做不分批計算在產品成本分批法。
　　　　　　　　　　　　　　　　　　　　　　（　　）

2. 綜合結轉分步法能夠提供各個生產步驟的半成品成本資料，而分項結轉分步法則不能提供半成品成本資料。（　　）

3. 在平行結轉分步法下，其縱向費用的分配具體是指在最終產成品與廣義在產品之間進行的費用分配。（　　）

4. 一個企業不得同時採用多種成本計算方法。（　　）

5. 按照生產工藝過程的特點，工業企業的生產可以分為連續式和裝配式生產兩種類型。（　　）

6. 採用分批法計算產品成本，必須開設基本生產成本二級帳。
　　　　　　　　　　　　　　　　　　　　　　（　　）

7. 分類法由於與企業生產類型的特點沒有直接聯繫，因而只要具備條件，在任何生產類型企業都能用。（　　）

8. 採用平行結轉分步法，半成品成本的結轉與半成品實物轉移是一致的。（　　）

9. 如果同一時期內，幾張訂單所訂的產品相同，應按各訂單確定批別，分別組織生產計算成本。（　　）

10. 由於每個工業企業最終都必須按照產品品種計算出產品成本，因此，品種法是成本計算方法中最基本的方法。（　　）

（四）計算分析題

1. 某工業企業採用簡化的分批法計算乙產品各批產品成本。
（1）5月份生產批號有：
1028號：4月份投產10件，5月20日全部完工。
1029號：4月份投產20件，5月完工10件。
1030號：本月投產9件，尚未完工。
（2）各批號5月末累計原材料費用（原材料在生產開始時一次投入）和工時為：

1028 號：原材料費用 1,000 元，工時 100 小時。

1029 號：原材料費用 2,000 元，工時 200 小時。

1030 號：原材料費用 1,500 元，工時 100 小時。

（3）5 月末，該企業全部產品累計原材料費用 4,500 元，工時 400 小時，直接人工 2,000 元，製造費用 1,200 元。

（4）5 月末，完工產品工時 250 小時，其中 1029 號 150 小時。

（5）不考慮其他因素。

要求：

（1）計算累計間接計入費用分配率；

（2）計算各批完工產品成本；

（3）編寫完工產品入庫會計分錄。

2. 某企業甲產品生產分三個步驟，採用實際成本綜合逐步結轉分步法計算甲產品成本，第一步驟生產 A 半成品完工后直接交第二步驟繼續加工，第二步驟生產 B 半成品直接交第三步驟加工為甲產品。還原前產成品成本及本月所產半成品成本資料見產成品成本還原計算表，不考慮其他因素。

要求：計算兩步驟半成品還原分配率，填列「產成品成本還原計算表」（還原率要求保留小數點后四位）。

表 3-3　　　　　　　產成品成本還原計算表　　　　　　單位：元

項　目	成本項目					
	B 半成品	A 半成品	直接材料	直接人工	製造費用	合　計
還原前甲產品成本	1,035,793			220,000	165,000	1,420,793
本月所產 B 半成品成本		475,000		200,000	150,000	825,000
B 半成品成本還原						
本月所產 A 半成品成本			250,000	125,000	100,000	475,000
A 半成品成本還原						
還原后甲產品成本						

B 半成品還原分配率 =

A 半成品還原分配率=

3. 某企業第一生產車間生產 801 批次甲產品、901 批次乙產品、802 批次丙產品三批產品。9 月份有關成本計算資料如下：

（1）月初在產品成本：801 批次甲產品為 104,000 元，其中直接材料 84,000 元、直接人工 12,000 元、製造費用 8,000 元；802 批次丙產品 124,000 元，其中直接材料 120,000 元、直接人工 2,000 元、製造費用 2,000 元。

（2）本月生產情況：801 批次甲產品為 8 月 2 日投產 40 件，本月 26 日已全部完工驗收入庫，本月實際生產工時為 8,000 小時。901 批次乙產品為本月 4 日投產 120 件，本月已完工入庫 12 件，本月實際生產工時為 4,400 小時。802 批次丙產品為 8 月 6 日投產 60 件，本月尚未完工，本月實際生產工時為 40,000 小時。

（3）本月發生生產費用：本月投入原材料 396,000 元，全部為 901 批次乙產品耗用。本月產品生產工人工資為 49,200 元，職工福利費為 6,888 元，製造費用總額為 44,280 元。

（4）單位產品定額成本：901 批次乙產品單位產品定額成本為 4,825 元，其中直接材料 3,300 元、直接人工 825 元、製造費用 700 元。

（5）不考慮其他因素。

要求：

（1）按產品批別開設產品成本明細帳並登記各批月初在產品成本；

（2）編製 901 批次產品耗用原材料的會計分錄並記入相應的產品成本明細帳；

（3）採用生產工時分配法在各批產品之間分配本月發生的直接人工費用，根據分配結果編製會計分錄並記入相應的產品成本明細帳。

表 3-4　　　　　　　　直接人工費用分配表

　　　　　　　　　　××年 9 月　　　　　　　　　　單位：元

產　品	生產工時（小時）	分配工人工資		分配福利費	
		分配率	分配金額	分配率	分配金額
801 批產品					
901 批次產品					
802 批次產品					
合　計					

（4）採用生產工時分配法在各批產品之間分配本月發生的製造費用，根據分配結果編製會計分錄並記入相應的產品成本明細帳。

表 3-5　　　　　　　　製造費用分配表

　　　　　　　　　　××年 9 月　　　　　　　　　　單位：元

產　品	生產工時(小時)	分配率	分配金額
801 批次產品			
901 批次產品			
802 批次產品			
合　計			

（5）計算本月完工產品和月末在產品成本，編製結轉完工產品成本的會計分錄。其中901批次乙產品本月少量完工，其完工產品成本按定額成本結轉。

表 3-6　　　　　　　　　產品成本明細帳

　　　　　　　　　　　　　　　　　　　　　　　開工日期
批別：801 批次　　　　　　產品：甲產品　　　完工日期
　　　　　　　　　　　　　　　　　　　　　　　　單位：元

摘　　要	直接材料	直接人工	製造費用	合　　計

表 3-7　　　　　　　　　產品成本明細帳

　　　　　　　　　　　　　　　　　　　　　　　開工日期
批別：901 批次　　　　　　產品：乙產品　　　完工日期

摘　　要	直接材料	直接人工	製造費用	合　　計

表 3-8　　　　　　　　　產品成本明細帳

　　　　　　　　　　　　　　　　　　　　　　　開工日期
批別：802 批次　　　　　　產品：丙產品　　　完工日期

摘　　要	直接材料	直接人工	製造費用	合　　計

(五) 綜合題

1. 某企業生產乙產品需經過第一車間、第二車間連續加工完成，第一車間完工的乙半成品直接轉到第二車間加工。兩個車間月末在產品均按定額成本計算。有關成本資料見所附產品成本計算單，不考慮其他因素。

要求：

(1) 採用逐步綜合結轉分步法計算產成品成本（結果直接填入所附產品成本計算單）；

(2) 進行成本還原（填入所附產品成本還原表，還原率保留小數點后 3 位）。

表 3-9　　　　第一車間產品成本計算單

產品品種：乙半成品　　　　　　　　　　　　　　　　　單位：元

項目	直接材料	直接人工	製造費用	合計
期初在產品（定額成本）	12,000	4,000	5,000	21,000
本月發生費用	60,000	20,000	15,000	95,000
生產費用合計				
完工產品成本				
期末在產品（定額成本）	8,000	2,500	4,500	15,000

表 3-10　　　　第二車間產品成本計算單

產品品種：乙半成品　　　　　　　　　　　　　　　　　單位：元

項目	直接材料	直接人工	製造費用	合計
期初在產品（定額成本）	20,000	10,000	6,000	36,000
本月發生費用		15,000	20,000	
生產費用合計				
完工產品成本				
期末在產品（定額成本）	10,000	4,000	3,000	17,000

表 3-11　　　　　　　　成本還原計算表　　　　　　　單位：元

項目	還原率	自製半成品	直接材料	直接人工	製造費用	合計
還原前產成品成本						
本月所產半成品成本						
半成品成本還原						
還原后產成品成本						

還原分配率＝

2. 某企業生產 B 產品，經過二個生產步驟連續加工。第一步驟生產的 A 半成品直接交給第二步驟加工，第二步驟生產出產成品 B。第一、二步驟月末在產品數量分別為 20 件、40 件，原材料生產開始時一次投入，加工費用在本步驟的完工程度按 50%計算，各步驟的生產費用合計採用約當產量法進行分配。有關資料見所附「產品成本計算單」，不考慮其他因素。

要求：採用逐步分項結轉分步法計算產品成本，並填列各步驟產品成本計算單。

表 3-12　　　　　　　　產品成本計算單

第一步驟：A 半成品　　　　　　　　　　　　　　完工量：80 件

項　目	直接材料	直接人工	製造費用	合計
月初在產品成本	27,000	4,800	6,000	37,800
本月發生生產費用	64,800	15,000	17,400	97,200
合計				
完工產品數量	80	80	80	
在產品約當產量				
總約當產量				
分配率				
完工 A 半成品成本				
月末在產品成本				

（1）直接材料費用分配率＝

（2）直接人工分配率＝

（3）製造費用分配率＝

表 3-13　　　　　　　　　產品成本計算單

第二步驟：B 產品　　　　　　　　　　　　　　　　完工量：70 件

項　目	直接材料	直接人工		製造費用		合計
		上一步轉入	本步發生	上一步轉入	本步發生	
月初在產品成本	23,360	2,970	2,700	2,850	3,990	35,870
本月發生費用			18,000		18,150	36,150
本月轉入的半成品成本						
合計						
完工產品數量	70	70	70	70	70	
在產品約當產量						
總約當產量						
分配率						
完工 B 產品成本						
月末在產品成本						

（1）直接材料分配率＝

（2）直接人工分配率

①上一步轉入＝

②本步發生＝

（3）製造費用分配率

①上一步轉入＝

②本步發生＝

3. 某企業大量大批生產 A 產品，該產品順序經過兩個生產步驟連續加工完成，第一步完工半成品直接投入第二步加工，不通過自製半成品庫收發。各步驟月末在產品與完工產品之間的費用分配採用約當產量法。原材料於生產開始時一次投入，

各步驟在產品在本步驟的完工程度為 50%，不考慮其他因素。

月初無在產品成本，本月有關生產費用見各步驟成本計算單。各步驟完工產品及月末在產品情況如下：

表 3-14

項目	第一步	第二步
完工產品數量	400（半成品）	300（產成品）
月末在產品數量	200	100

要求：

（1）分別採用逐步綜合結轉和分項結轉分步法計算產品成本，並填列各步驟產品成本計算單；

（2）對逐步綜合結轉下計算出的產成品成本進行成本還原。

表 3-15　　　　　　　　**產品成本計算單**

生產步驟：第一步驟　　　　　　產品名稱：×半成品

項　目	直接材料	直接人工	製造費用	合計
本月發生生產費用	60,000	10,000	20,000	90,000
合計				
在產品約當產量				
總約當產量				
分配率 （單位半成品成本）				
完工半成品成本				
月末在產品成本				

表 3-16　　　　　**產品成本計算單（綜合結轉）**

生產步驟：第二步驟　　　　　　產品名稱：A 產品

項目	半成品成本	直接人工	製造費用	合計
本月發生生產費用		3,500	10,500	
合計				
在產品約當產量				

表3-16(續)

項 目	半成品成本	直接人工	製造費用	合計
總約當產量				
分配率 (單位產成品成本)				
完工產成品成本				
月末在產品成本				

表 3-17　　　　　　　**產品成本計算單（分項結轉）**

生產步驟：第二步驟　　　　　　產品名稱：A 產品

| 項 目 | 直接材料 | 直接人工 | | 製造費用 | | 合計 |
		轉入半成品	本步驟發生	轉入半成品	本步驟發生	
本步驟發生			3,500		10,500	14,000
轉入的半成品成本						
合計						
在產品約當產量						
總約當產量						
分配率 (單位產成品成本)						
完工產成品成本 (300 件)						
月末在產品成本 (100 件)						

表 3-18　　　　　　　**產成品成本還原計算表**

項 目	半成品成本	直接材料	直接人工	製造費用	合計
還原前產成品成本					
第一步驟本月所產 半成品成本					

表3-18(續)

項　目	半成品成本	直接材料	直接人工	製造費用	合計
產成品所耗半成品成本還原					
還原后產成品成本					

還原分配率＝

4. 某企業生產甲產品，生產分兩步進行，第一步驟為第二步驟提供半成品，第二步驟將其加工為產成品。材料在生產開始時一次投入，產成品和月末（廣義）在產品之間分配費用的方法採用定額比例法。其中，材料費用按定額材料費用比例分配，其他費用按定額工時比例分配。有關定額資料、月初在產品成本及本月發生的生產費用見各步驟產品成本計算單，不考慮其他因素。

要求：

（1）採用平行結轉分步法計算甲產品成本（完成兩個步驟產品成本計算單及產品成本匯總表的填製；並列出每一步驟各成本項目分配率的計算過程，分配率保留小數點后兩位）；

（2）編製完工產成品入庫分錄。

解：（1）

表 3-19　　　　　　　　產品成本計算單

生產步驟：第一步驟　　　　20××年 8 月　　　　產品品種：甲產品

項目	直接材料 定額	直接材料 實際	定額工時	直接人工	製造費用	合計
月初廣義在產品成本	67,000	62,000	2,700	7,200	10,000	79,200
本月生產費用	98,000	89,500	6,300	11,700	11,600	112,800
本月生產費用合計		(1)		(2)	(3)	
分配率						
應計入產成品成本的份額	125,000		5,000			
月末廣義在產品成本						

（1）直接材料分配率＝

（2）直接人工分配率＝

（3）製造費用分配率＝

表 3-20　　　　　　　　　　產品成本計算單

生產步驟：第二步驟　　　　20××年 8 月　　　　　產品品種：甲產品

項目	直接材料		定額工時	直接人工	製造費用	合計
	定額	實際				
月初廣義在產品成本			700	1,500	2,500	4,000
本月生產費用			10,900	27,500	29,980	57,480
本月生產費用合計						
分配率						
應計入產成品成本的份額			10,000			
月末廣義在產品成本						

（1）直接人工分配率＝

（2）製造費用分配率＝

表 3-21　　　　　　　　　　產品成本匯總計算表

產品品種：甲產品　　　　　20××年 8 月　　　　　　　　　單位：元

生產步驟	產成品數量（件）	直接材料	直接人工	製造費用	合計
第一步應計入產成品成本的份額					
第二步應計入產成品成本的份額					
總成本	500				
單位成本					

5. 某企業生產 B 產品，經過二個生產步驟連續加工。第一步驟生產的半成品直接交給第二步驟加工，第二步驟將一件半成品加工為一件產成品，原材料投產時一次投入，其他費用在本步驟的完工程度按 50% 計算。採用約當產量法在完工產品和

在產品之間分配各步驟的生產費用。

（1）產量記錄見表 3-22。

表 3-22　　　　　　　　　　　　　　　　　　　　　　　單位：件

月初在產品數量	第一步驟	第二步驟
月初在產品數量	6	48
本月投入數量	150	132
本月完工數量	132	150
月末在產品數量	24	30

（2）成本資料見各步驟產品成本計算單。

（3）不考慮其他因素。

要求：用平行結轉分步法計算產品成本，並填列產品成本計算單及產品成本匯總表。

表 3-23　　　　　　　　產品成本計算單

生產步驟：第一步驟　　　產品名稱：B 產品　　　完工量：150 件

項目	直接材料	直接人工	製造費用	合計
月初廣義在產品成本	27,000	4,200	6,000	37,200
本月發生生產費用	64,800	15,000	17,040	96,840
合計				
分配率				
應計入產成品成本的份額				
月末廣義在產品成本				

（1）直接材料費用分配率＝

（2）直接人工分配率＝

（3）製造費用分配率＝

表 3-24　　　　　　　　　　**產品成本計算單**

生產步驟：第二步驟　　　　產品名稱：B 產品　　　　完工量：150 件

項目	直接材料	直接人工	製造費用	合計
月初在產品成本		5,100	6,600	11,700
本月發生生產費用		18,000	18,150	36,150
合計				
分配率				
應計入產成品成本的份額				
月末廣義在產品成本				

（1）直接人工分配率＝

（2）製造費用分配率＝

表 3-25　　　　　　　　　　**產品成本匯總表**

產品名稱：B 產品　　　　　　　　　　　　　完工量：150 件

項目	直接材料	直接人工	製造費用	合計
第一步驟應計入產成品成本份額				
第二步驟應計入產成品成本份額				
B 產品總成本				
B 產品單位成本				

（六）思考題

1. 產品成本計算的主要方法和輔助方法有哪些？各種不同的方法最主要的區別是什麼？
2. 簡化的分批法其「簡化」之處表現在哪些方面？
3. 進行成本還原的前提條件是什麼？如何理解？
4. 逐步結轉分步法與平行結轉分步法之間的比較。
5. 逐步綜合結轉和分項結轉有何相同與不同之處？

四、同步訓練答案

(一) 單項選擇題

1. B   2. B   3. D   4. D   5. C   6. C
7. C   8. C   9. D   10. C

(二) 多項選擇題

1. ACD   2. ABC   3. ABC   4. ABC   5. AB
6. AC   7. ACD   8. CD   9. ABCD   10. BCD

(三) 判斷題

1. √   2. ×   3. √   4. ×   5. ×   6. ×
7. √   8. ×   9. ×   10. √

(四) 計算分析題

1. 解：

(1) 累計間接計入費用分配率

直接人工＝2,000/400＝5

製造費用＝1,200/400＝3

(2) 各批完工產品成本

1028 號：1,000＋100×(5＋3)＝1,800(元)

1029 號：(2,000/20)×10＋150×(5＋3)＝2,200(元)

(3)

借：庫存商品——乙產品　　　　　　　　　　　　4,000

　　貸：生產成本——基本生產成本——1028 號批次　1,800

　　　　　　　　　　　　　　　　　——1029 號批次　2,200

2. 解：

表 3-26　　　　　　產成品成本還原計算表　　　　　　單位：元

項　目	成本項目					
	B 半成品	A 半成品	直接材料	直接人工	製造費用	合　計
還原前甲產品成本	1,035,793			220,000	165,000	1,420,793
本月所產 B 半成品成本		475,000		200,000	150,000	825,000
B 半成品成本還原	-1,035,793	596,362.5		251,100	188,330.5	
本月所產 A 半成品成本			250,000	125,000	100,000	475,000
A 半成品成本還原		-596,362.5	313,875	156,937.5	125,550	
還原后甲產品成本			313,875	628,037.5	478,880.5	1,420,793

B 半成品還原分配率 = 1,035,793/825,000 = 1.255,5
A 半成品還原分配率 = 596,362.5/475,000 = 1.255,5

3. 解：

（1）901 批次產品耗用原材料的會計分錄：

借：生產成本——基本生產成本——901 批次　396,000
　　貸：原材料　　　　　　　　　　　　　　　　396,000

（2）直接人工費用分配：

表 3-27　　　　　　直接人工費用分配表
　　　　　　　　　　××年 9 月　　　　　　　　　單位：元

產　品	生產工時（小時）	分配工人工資		分配福利費	
		分配率	分配金額	分配率	分配金額
801 批次產品	8,000		24,000		3,360
901 批次產品	4,400		13,200		1,848
802 批次產品	4,000		12,000		1,680
合　　計	16,400	3	49,200	0.42	6,888

工資費用分配率 = 49,200 ÷ 16,400 = 3
福利費用分配率 = 6,888 ÷ 16,400 = 0.42
會計分錄：

借：生產成本——基本生產成本——801 批次　27,360
　　　　　　　　　　　　　　——901 批次　15,048
　　　　　　　　　　　　　　——802 批次　13,680
　　貸：應付職工薪酬——工資　　　　　　49,200
　　　　　　　　　　——職工福利費　　　　6,888

（3）

表 3-28　　　　　製造費用分配表

　　　　　　　　××年 9 月　　　　　　　單位：元

產　品	生產工時	分配率	分配金額
801 批次產品	8,000		21,600
901 批次產品	4,400		11,880
802 批次產品	4,000		10,800
合　　計	16,400	2.7	44,280

製造費用分配率＝44,280÷16,400＝2.7

會計分錄：

借：生產成本——基本生產成本——801 批次　21,600
　　　　　　　　　　　　　　——901 批次　11,880
　　　　　　　　　　　　　　——802 批次　10,800
　　貸：製造費用　　　　　　　　　　　　44,280

（4）產品成本計算：

表 3-29　　　　　產品成本明細帳

　　　　　　　　　　　　　　　　　開工日期：8 月 2 日
批別：801 批次　　產品：甲產品　　完工日期：9 月 26 日

摘　　要	直接材料	直接人工	製造費用	合　計
月初在產品成本	84,000	12,000	8,000	104,000
本月發生直接人工		27,360		27,360
月末轉入製造費用			21,600	21,600
本月生產費用合計	0	27,360	21,600	48,960
本月生產費用累計	84,000	39,360	29,600	152,960
結轉本月完工產品成本	-84,000	-39,360	-29,600	-152,960

表 3-30　　　　　　　　　產品成本明細帳

　　　　　　　　　　　　　　　　　　　　　　開工日期：9 月 4 日
批別：901 批次　　　　產品：乙產品　　　　完工日期：

摘　　　要	直接材料	直接人工	製造費用	合　　計
本月耗用直接材料	396,000			396,000
本月發生直接人工		15,048		15,048
月末轉入製造費用			11,880	11,880
本月生產費用合計	396,000	15,048	11,880	422,928
單位產品定額成本	3,300	825	700	4,825
結轉本月完工產品成本	-39,600	-9,900	-8,400	-57,900
月末在產品成本	356,400	5,148	34,800	365,028

表 3-31　　　　　　　　　產品成本明細帳

　　　　　　　　　　　　　　　　　　　　　　開工日期：8 月 6 日
批別：802 批次　　　　產品：丙產品　　　　完工日期：

摘　　　要	直接材料	直接人工	製造費用	合　　計
月初在產品成本	120,000	2,000	2,000	124,000
本月發生直接人工		13,680		13,680
月末轉入製造費用			10,800	10,800
本月生產費用合計	0	13,680	10,800	24,480
本月生產費用累計	120,000	15,680	12,800	148,480
月末在產品成本	120,000	15,680	12,800	148,480

結轉本月完工產品成本的會計分錄：
　　借：庫存商品——甲產品　　　　　　　　　　　152,960
　　　　　　　　——乙產品　　　　　　　　　　　 57,900
　　　貸：生產成本——基本生產成本——801 批次　152,960
　　　　　　　　　　　　　　　　　——901 批次　 57,900

(五) 綜合題

1. 解：

表 3-32　　　　　　　第一車間產品成本計算單

產品品種：乙半成品　　　　　　　　　　　　　　　　　　單位：元

項目	直接材料	直接人工	製造費用	合計
期初在產品（定額成本）	12,000	4,000	5,000	21,000
本月發生費用	60,000	20,000	15,000	95,000
生產費用合計	72,000	24,000	20,000	116,000
完工產品成本	64,000	21,500	15,500	101,000
期末在產品（定額成本）	8,000	2,500	4,500	15,000

表 3-33　　　　　　　第二車間產品成本計算單

產品品種：乙半成品　　　　　　　　　　　　　　　　　　單位：元

項目	直接材料	直接人工	製造費用	合計
期初在產品（定額成本）	20,000	10,000	6,000	36,000
本月發生費用	101,000	15,000	20,000	136,000
生產費用合計	121,000	25,000	26,000	172,000
完工產品成本	111,000	21,000	23,000	155,000
期末在產品（定額成本）	10,000	4,000	3,000	17,000

表 3-34　　　　　　　　成本還原計算表　　　　　　　　　單位：元

項目	自製半成品	直接材料	直接人工	製造費用	合計
還原前產成品成本	111,000		21,000	23,000	155,000
本月所產半成品成本		64,000	21,500	15,500	101,000
半成品成本還原	-111,000	70,336	23,629	17,035	0
還原后產成品成本		70,336	44,629	40,035	155,000

還原分配率 = 111,000 ÷ 101,000 = 1.099

2. 解：

表 3-35　　　　　　　產品成本計算單

第一車間：A 半成品　　　　　　　　　　　　　　　　完工量：80 件

項目	直接材料	直接人工	製造費用	合計
本月在產品成本	27,000	4,800	6,000	37,800
本月發生生產費用	64,800	15,000	17,400	97,200
合計	91,800	19,800	23,400	135,000
完工產品數量	80	80	80	
在產品約當產量	20	10	10	
總約當產量	100	90	90	
分配率	918	220	260	1,398
完工 A 半成品成本	73,440	17,600	20,800	111,840
月末在產品成本	18,360	2,200	2,600	23,160

（1）直接材料分配率 = 91,800 ÷ 100 = 918

（2）直接人工分配率 = 19,800 ÷ 90 = 220

（3）製造費用分配率 = 23,400 ÷ 90 = 260

表 3-36　　　　　　　產品成本計算單

第二車間：B 產品　　　　　　　　　　　　　　　　完工量：70 件

項 目	直接材料	直接人工		製造費用		合計
		上一步轉入	本步發生	上一步轉入	本步發生	
月初在產品成本	23,360	2,970	2,700	2,850	3,990	35,870
本月發生費用			18,000		18,150	36,150
本月轉入的半成品成本	73,440	17,600		20,800		111,840
合計	96,800	20,570	20,700	23,650	22,140	183,860
完工產品數量	70	70	70	70	70	
在產品約當產量	40	40	20	40	20	
總約當產量	110	110	90	110	90	
分配率	880	187	230	215	246	1,758
完工 B 產品成本	61,600	13,090	16,100	15,050	17,220	123,060
月末在產品成本	35,200	7,480	4,600	8,600	4,920	60,800

（1）直接材料分配率＝96,800÷110＝880

（2）直接人工分配率

①上一步轉入＝20,570÷110＝187

②本步發生＝20,700÷90＝230

（3）製造費用分配率

①上一步轉入＝23,650÷110＝215

②本步發生＝22,140÷90＝246

3. 解：

表 3-37　　　　　　　　　　**產品成本計算單**

生產步驟：第一步驟　　　　　產品名稱：X 半成品

項目	直接材料	直接人工	製造費用	合計
本月發生生產費用	60,000	10,000	20,000	90,000
合計	60,000	10,000	20,000	90,000
在產品約當產量	200	100	100	
總約當產量	600	500	500	
分配率（單位半成品成本）	60,000÷600=100	10,000÷500=20	20,000÷500=40	160
完工半成品成本	40,000	8,000	16,000	64,000
月末在產品成本	20,000	2,000	4,000	26,000

表 3-38　　　　　　　　**產品成本計算單（綜合結轉）**

生產步驟：第二步驟　　　　　產品名稱：A 產品

項目	半成品成本	直接人工	製造費用	合計
本月發生生產費用	64,000	3,500	10,500	78,000
合計	64,000	3,500	10,500	78,000
在產品約當產量	100	50	50	
總約當產量	400	350	350	
分配率（單位產成品成本）	64,000÷400=160	3,500÷350=10	10,500÷350=30	200
完工產成品成本	48,000	3,000	9,000	60,000
月末在產品成本	16,000	500	1,500	18,000

表 3-39　　　　　　產品成本計算單（分項結轉）

生產步驟：第二步驟　　　　產品名稱：A 產品

項 目	直接材料	直接人工 轉入半成品	直接人工 本步驟發生	製造費用 轉入半成品	製造費用 本步驟發生	合計
本步驟發生			3,500		10,500	14,000
轉入的半成品成本	40,000	8,000		16,000		64,000
合計	40,000	8,000	3,500	16,000	10,500	78,000
在產品約當產量	100	100	50	100	50	
總約當產量	400	400	350	400	350	
分配率	100	20	10	40	30	
完工產成品成本	30,000	6,000	3,000	12,000	9,000	60,000
月末在產品成本	10,000	2,000	500	4,000	1,500	18,000

表 3-40　　　　　　產成品成本還原計算表　　　　　　單位：元

項目	半成品成本	直接材料	直接人工	製造費用	合計
還原前產成品成本	48,000		3,000	9,000	60,000
第一步驟本月所產半成品成本		40,000	8,000	16,000	64,000
產成品所耗半成品成本還原	-48,000	30,000	6,000	12,000	0
還原后產成品成本		30,000	9,000	21,000	60,000

還原分配率 = 48,000 ÷ 64,000 = 0.75

4. 解：

表 3-41　　　　　　　　　**產品成本計算單**

生產步驟：第一步驟　　　　20××年 8 月　　　　　產品品種：甲產品

項目	直接材料		定額工時	直接人工	製造費用	合計
	定額	實際				
月初在產品成本	67,000	62,000	2,700	7,200	10,000	79,200
本月生產費用	98,000	89,500	6,300	11,700	11,600	112,800
合計	165,000	151,500	9,000	18,900	21,600	192,000
分配率		0.92		2.1	2.4	
應計入產成品成本的份額	125,000	115,000	5,000	10,500	12,000	137,500
月末在產品成本	40,000	36,500	4,000	8,400	9,600	54,500

（1）直接材料分配率 = 151,500 ÷ 165,000 = 0.92

（2）直接人工分配率 = 18,900 ÷ 9,000 = 2.1

（3）製造費用分配率 = 21,600 ÷ 9,000 = 2.4

表 3-42　　　　　　　　　**產品成本計算單**

生產步驟：第二步驟　　　　20××年 8 月　　　　　產品品種：甲產品

項目	直接材料		定額工時	直接人工	製造費用	合計
	定額	實際				
月初在產品成本			700	1,500	2,500	4,000
本月生產費用			10,900	27,500	29,980	57,480
合計			11,600	29,000	32,480	61,480
分配率				2.5	2.8	
應計入產成品成本的份額			10,000	25,000	28,000	53,000
月末在產品成本			1,600	4,000	4,480	8,480

（1）直接人工分配率 = 29,000 ÷ 11,600 = 2.5

（2）製造費用分配率 = 32,480 ÷ 11,600 = 2.8

表 3-43　　　　　　　　**產品成本匯總計算表**
產品品種：甲產品　　　　20××年 8 月　　　　　　　　單位：元

生產步驟	完工產成品數量（件）	直接材料	直接人工	製造費用	合計
第一步…		115,000	10,500	12,000	137,500
第二步…			25,000	28,000	53,000
總成本	500	115,000	35,500	40,000	190,500
單位成本		230	71	80	381

（2）編製完工產成品入庫分錄

借：庫存商品——甲產品　　　　　　　　　　　190,500
　　貸：生產成本——基本生產成本——第一步（甲產品）
　　　　　　　　　　　　　　　　　　　　　　 137,500
　　　　　　　　　　　　　　——第二步（甲產品）
　　　　　　　　　　　　　　　　　　　　　　 53,000

5. 解：

表 3-44　　　　　　　　**產品成本計算單**
生產步驟：第一步驟　　　　產品名稱：B 產品　　　　完工量：150 件

項目	直接材料	直接人工	製造費用	合計
月初在產品成本	27,000	4,200	6,000	37,200
本月發生生產費用	64,800	15,000	17,040	96,840
合計	91,800	19,200	23,040	134,040
分配率	450	100	120	670
應計入產成品成本的份額	67,500	15,000	18,000	100,500
月末廣義在產品成本	24,300	4,200	5,040	33,540

（1）直接材料費用分配率＝91,800÷（150+30+24）＝450
（2）直接人工分配率＝19,200÷（150+30+24×50%）＝100
（3）製造費用分配率＝23,040÷（150+30+24×50%）＝120

表 3-45　　　　　　　　　產品成本計算單
生產步驟：第二步驟　　　產品名稱：B 產品　　　完工量：150 件

項目	直接材料	直接人工	製造費用	合計
月初在產品成本		5,100	6,600	11,700
本月發生生產費用		18,000	18,150	36,150
合計		23,100	24,750	47,850
分配率		140	150	290
應計入產成品成本的份額		21,000	22,500	43,500
月末廣義在產品成本		2,100	2,250	4,350

（1）直接人工分配率＝23,100÷（150+30×50％）＝140

（2）製造費用分配率＝24,750÷（150+30×50％）＝150

表 3-46　　　　　　　　　產品成本匯總表
產品名稱：B 產品　　　　　　　　　　　　完工量：150 件

項目	直接材料	直接人工	製造費用	合計
第一步驟應計入產成品成本份額	67,500	15,000	18,000	100,500
第二步驟應計入產成品成本份額		21,000	22,500	43,500
B 產成品總成本	67,500	36,000	40,500	144,000
B 產成品單位成本	450	240	270	960

（六）思考題

答案（略）。

第四章 作業成本法

一、學習目的

通過本章學習，主要達到以下目的：

（1）瞭解作業成本法產生的背景，理解作業成本法的意義；

（2）掌握作業成本法的概念，掌握作業成本法與傳統成本核算方法的區別；

（3）掌握作業成本法的原理及進行作業成本法核算；

（4）理解作業成本法的應用，理解掌握作業成本法的局限性。

二、重點和難點

（一）作業成本法概述

1. 作業成本法概念

作業成本法（Activity Based Costing，ABC），又被稱為作業成本分析法、作業成本計算法、作業成本核算法等，是指以作業為間接費用的歸集對象，通過資源動因的確認、計量，歸集資源費用到作業上，再通過作業動因的確認、計量，歸集作業成本到產品或顧客上去的間接費用分配方法。

2. 作業成本法概念體系

（1）資源（Resource）是指企業在生產經營過程中發生的成本、費用項目的來源。它是企業為生產產品，或者是為了保證作業完整正常的執行所必須花費的代價。作業成本法下的資源是指為了產出作業或產品而發生的費用支出，即資源就是指各項費用的總和。

（2）作業（Activity）是指相關的一系列任務的總稱，或指組織內為了某種目的而進行的消耗資源的活動。它代表了企業正在進行或已經完成的工作，是連接資源和成本核算對象的橋樑，是對成本進行分配和歸集的基礎，因而是作業成本法的核心。

作業分為以下四類：單位水平作業、批別水平作業、產品水平作業和支持水平作業。單位作業（Unit Activity）是指使單位產品或顧客受益的作業；批別作業（Batch Activity），是使一批產品受益的作業；產品作業（Product Activity）是為準備各種產品的生產而從事的作業；過程作業（Process Activity）也稱為支持水平作業，是指為了支持和管理生產經營活動而進行的作業。

（3）作業中心（Activity Center）是一系列相互聯繫，能夠實現某種特定功能的作業集合。作業中心提供有關每項作業的成本信息，每項作業所消耗資源的信息以及作業執行情況的信息。

（4）成本對象（Cost Objects）是企業需要進行計量成本的對象，是作業成本分配的終點和歸屬。

（5）成本動因（Cost Driver）又譯作業成本驅動因素，是指引發成本的事項或作業，是引起成本發生與變化的內在原因，是對作業的量化表現。

成本動因具有以下基本特徵：隱蔽性、相關性、適用性、可計量性。

成本動因可分為資源動因和作業動因。資源動因是作業消耗資源的方式和原因，反應了作業和作業中心對資源的消耗情

況，是資源成本分配到作業和作業中心的標準和依據；作業動因是作業發生的原因，是將作業成本或作業中心的成本分配到產品、服務或顧客等成本對象的標準，它也是將資源消耗與最終產出相溝通的仲介。

3. 作業成本法與傳統成本計算方法的區別

基本原理不同；適用企業類型不同；間接成本的認識和處理方法不同；成本信息結果存在差異。

4. 作業成本法的意義

作業成本法可以為適時生產和全面質量管理提供經濟依據；有利於完善企業的預算控制與業績評價；可以滿足戰略管理的需要。

（二）作業成本法的基本原理

1. 作業成本法的原理

作業成本法的基本指導思想：作業消耗資源，產品消耗作業。因而，作業成本法將著眼點和重點放在對作業的核算上。其基本思想是在資源和產品（服務）之間引入一個仲介——作業，其關鍵是成本動因的選擇和成本動因率的確定。

2. 作業成本法的特徵

作業成本法是一種求本溯源的間接成本分配方法，是一種成本計算與成本管理緊密結合的方法。

3. 作業成本法計算步驟

第一步，確認和計量各類資源耗費，將資源耗費歸集到各資源庫；

第二步，確認作業，劃分作業中心；

第三步，確定資源動因，建立作業成本庫；

第四步，確認各作業動因，分配作業成本。

（三）作業成本法應用的關鍵點

①目標必須明確；②最高管理層統一指揮；③作業成本模式的設計要完善；④要贏得全面的支持；⑤推廣應用要個性化。

（五）作業成本法的局限性

（1）不是所有企業都適用作業成本法；
（2）採用作業成本法時要考慮其實施成本；
（3）作業成本法本身存在不完善。

三、同步訓練

（一）單項選擇題

1. 下列各項中，對作業成本法表述不正確的是（   ）。
   A. 是成本核算方法之一
   B. 以作業來管理成本
   C. 以作業為紐帶進行直接成本的分配
   D. 以作業為紐帶進行共同、聯合成本的分配

2. 下列各項中，屬於直接人工成本項目歸屬的作業類別是（   ）。
   A. 單位作業　　　　　B. 批別作業
   C. 產品作業　　　　　D. 過程作業

3. 下列各項中，不適用於作業成本法的企業是（   ）。
   A. 產品結構複雜　　　B. 間接費用比重小
   C. 間接費用比重大　　D. 生產經營活動種類繁多

4. 下列各項中，屬於作業成本計算最基本對象的是（   ）。
   A. 產品　　　　　　　B. 資源
   C. 作業　　　　　　　D. 生產過程

5. 下列各項中，關於作業成本法計算程序的表述，正確的是（   ）。
   A. 資源→成本→產品　　B. 資源→產品→成本
   C. 作業→資源→產品　　D. 資源→作業→產品

6. 下列各項中，不屬於作業成本法應用的關鍵點是（　　）。

    A. 目標必須明確

    B. 贏得全面的支持

    C. 各級管理層分級指揮

    D. 作業成本模式的設計要完善

7. 下列各項中，不屬於批別作業的是（　　）。

    A. 生產協調　　　　　B. 設備調試作業

    C. 生產準備作業　　　D. 原料處理作業

8. 下列各項中，關於單位作業的表述，正確的是（　　）。

    A. 與批次有關　　　　B. 與批次無關

    C. 與產量有關　　　　D. 與產量無關

9. 下列各項中，關於作業中心的表述，不正確的是（　　）。

    A. 作業中心的劃分遵循同質性原則

    B. 作業中心提供有關每項作業的成本信息

    C. 可將企業中的每個部門作為一個作業中心

    D. 是一系列相互聯繫，能夠實現某種特定功能的作業集合

10. 下列各項中，關於資源動因的表述，不正確的是（　　）。

    A. 資源動因是作業消耗資源的方式和原因

    B. 反應了作業和作業中心對資源的消耗情況

    C. 是資源成本分配到作業和作業中心的標準和依據

    D. 是將作業或作業中心的成本分配到產品等成本對象的標準

（二）多項選擇題

1 下列各項中，屬於作業成本法基本概念的有（　　）。

    A. 資源　　　　　　　B. 作業

C. 成本動因　　　　　　D. 成本對象

2. 下列各項中，屬於企業業務層次和範圍的作業類別有（　　　）。

  A. 單位水平作業　　　B. 批別水平作業
  C. 產品水平作業　　　D. 支持水平作業

3. 下列各項中，屬於成本動因的特徵有（　　　）。

  A. 隱蔽性　　　　　　B. 相關性
  C. 適用性　　　　　　D. 可計量性

4. 下列各項中，關於作業成本法與傳統成本計算法區別的表述，正確的有（　　　）。

  A. 基本原理不同　　　B. 適用企業類型不同
  C. 間接成本處理方法不同　D. 成本信息結果存在差異

5. 下列各項中，關於作業成本法對間接成本按照成本動因進行分配具體步驟的表述，正確的有（　　　）。

  A. 先按作業動因分配到產品
  B. 再按資源動因分配到作業
  C. 先按資源動因分配到作業
  D. 再按作業動因分配到產品

6. 下列各項中，關於作業成本法也存在局限性的表述，正確的有（　　　）。

  A. 不是所有企業都適用作業成本法
  B. 對財會人員的素質要求高
  C. 採用作業成本法時要考慮其實施成本
  D. 作業成本法本身存在不完善

7. 下列各項中，屬於資源項目的有（　　　）。

  A. 原材料、輔助材料　B. 燃料與動力費用
  C. 工資及福利費　　　D. 折舊費、辦公費

8. 下列各項中，屬於成本動因的類型的有（　　　）。

  A. 資源動因　　　　　B. 成果動因
  C. 作業動因　　　　　D. 過程動因

9. 下列各項中，關於應用作業成本法的關鍵點表述，正確的有（　　）。

　　A. 目標必須明確
　　B. 要贏得全面的支持
　　C. 最高管理層統一指揮
　　D. 作業成本模式的設計要完善

10. 下列各項中，可以作為作業成本法中成本對象的有（　　）。

　　A. 產品　　　　　　　B. 勞務
　　C. 顧客　　　　　　　D. 市場

（三）判斷題

1. 作業是對成本進行分配和歸集的基礎，因而是作業成本法的核心。　　　　　　　　　　　　　　　　　　　（　　）

2. 產品水平作業成本，與數量和批量成正比例變動，與生產產品的品種數成反比例變動。　　　　　　　　　（　　）

3. 資源動因是作業消耗資源的方式和原因，是資源成本分配到作業和作業中心的標準和依據。　　　　　　　（　　）

4. 「作業消耗資源，產品消耗作業」是作業成本法的基本指導思想。　　　　　　　　　　　　　　　　　　（　　）

5. 作業成本法僅僅是一種改良的成本核算方法。（　　）

6. 計量和分配帶有一定的主觀性是作業成本法本身存在不完善的主要表現之一。　　　　　　　　　　　　（　　）

7. 資源動因反應成本對象與作業消耗的邏輯關係，用來分配作業成本。　　　　　　　　　　　　　　　　（　　）

8. 作業成本法適用於生產過程中間接費用所占比重較大、產品結構複雜的技術密集型或資金密集型企業。（　　）

9. 作業成本庫是作業中心的貨幣表現形式。　（　　）

10. 作業成本法對於所有的成本都按照成本動因進行了兩次分配。　　　　　　　　　　　　　　　　　　　（　　）

(四) 計算分析題

1. 資料：某企業生產甲、乙兩種產品，其中甲產品 900 件、乙產品 300 件。其作業情況數據見表 4-1。

表 4-1　　　　　　　　　　　　　　　　　　　　　　　　　單位：元

作業中心	資源耗用（元）	動因	動因量（甲產品）	動因量（乙產品）	合計
材料處理	18,000	移動次數	400	200	600
材料採購	25,000	訂單件數	350	150	500
使用機器	35,000	機器小時	1,200	800	2,000
設備維修	22,000	維修小時	700	400	1,100
質量控制	20,000	質檢次數	250	150	400
產品運輸	16,000	運輸次數	50	30	80
合計	136,000				

要求：不考慮其他因素，按作業成本法計算甲、乙兩種產品的成本，並填製表 4-2。

表 4-2　　　　　　　　　　　　　　　　　　　　　　　　　單位：元

作業中心	成本庫(元)	動因量	動因率	甲產品	乙產品
材料處理	18,000	600			
材料採購	25,000	500			
使用機器	35,000	2,000			
設備維修	22,000	1,100			
質量控制	20,000	400			
產品運輸	16,000	80			
合計總成本	136,000				
單位成本					

2. 某製造廠生產甲、乙兩種產品，有關資料如下：

(1) 甲、乙兩種產品 2015 年 1 月份的有關成本資料見表 4-3。

表 4-3

產品名稱	甲	乙
產量	100	200
直接材料單位成本	50	80
直接人工單位成本	40	30

（2）月初甲產品在產品製造費用（作業成本）為 3,600 元，乙產品在產品製造費用（作業成本）為 4,600 元；月末在產品數量，甲為 40 件、乙為 60 件，總體完工率均為 50%；按照約當產量法在完工產品和在產品之間分配製造費用（作業成本），本月發生的製造費用（作業成本）總額為 50,000 元，相關作業有 4 個。有關資料見表 4-4。

表 4-4

作業名稱	質量檢驗	訂單處理	機器運行	設備調整準備
成本動因	檢驗次數	生產訂單份數	機器小時數	調整準備次數
作業成本	4,000	4,000	40,000	2,000
甲耗用作業量	5	30	200	6
乙耗用作業量	15	10	800	4

（3）不考慮其他因素。

要求：

（1）用作業成本法計算甲、乙兩種產品的單位成本；

（2）以機器小時作為製造費用的分配標準，採用傳統成本計算法計算甲、乙兩種產品的單位成本；

（3）假設決策者計劃讓單位售價高於單位成本 10 元，根據第（2）問的結果確定甲、乙兩種產品的銷售單價，試分析可能造成的損失。

（五）思考題

1. 什麼是作業成本法？作業成本法是在什麼背景下產生的？
2. 解釋資源、作業、作業中心、成本對象、成本動因。

3. 試述作業成本法與傳統的成本核算方法的區別。
4. 解釋作業成本法的原理與特徵。
5. 企業採用作業成本法應注意什麼問題？

四、同步訓練答案

（一）單項選擇題

1. C   2. A   3. B   4. C   5. D   6. C
7. A   8. C   9. C   10. D

（二）多項選擇題

1. ABCD   2. ABCD   3. ABCD   4. ABCD   5. ACD
6. ACD   7. ABCD   8. AC   9. ABCD   10. ABCD

（三）判斷題

1. √   2. ×   3. √   4. √   5. ×   6. √
7. ×   8. √   9. √   10. ×

（四）計算分析題

1.

表 4-5　　　　　　　　　　　　　　　　　　　　　　　單位：元

作業中心	成本庫	動因量	動因率	甲產品	乙產品
材料處理	18,000	600	30	12,000	6,000
材料採購	25,000	500	50	17,500	7,500
使用機器	35,000	2,000	17.5	21,000	14,000
設備維修	22,000	1,100	20	14,000	8,000
質量控制	20,000	400	50	12,500	7,500
產品運輸	16,000	80	200	10,000	6,000
合計總成本	136,000			87,000	49,000
單位成本				96.67	163.33

2.

(1) 質量檢驗作業成本分配率＝4,000/(5+15)
                     ＝200(元/次)
訂單處理作業成本分配率＝4,000/(10+30)＝100(元/份)
機器運行作業成本分配率＝40,000/(200+800)
                     ＝40(元/小時)
調整準備作業成本分配率＝2,000/(6+4)＝200(元/次)
甲產品分配的本月發生的作業成本：
200×5+100×30+40×200+200×6＝13,200（元）
單位作業成本：
(13,200+3,600)/(100+40×50%)＝140（元/件）
單位成本：50+40+140＝230（元/件）
乙產品分配的本月發生的作業成本：
200×15+100×10+40×800+200×4＝36,800（元）
單位作業成本：(36,800+4,600)/(200+60×50%)
           ＝180（元/件）
單位成本：80+30+180＝290（元/件）

(2) 本月發生製造費用分配率：
50,000/(200+800)＝50（元/小時）
甲產品分配的本月發生的製造費用：
50×200＝10,000（元）
甲產品單位製造費用：
(10,000+3,600)/(100+40×50%)＝113.33（元/件）
甲產品單位成本：
50+40+113.33＝203.33（元/件）
乙產品分配的本月發生的製造費用：
50×800＝40,000（元）
乙產品單位製造費用：
(40,000+4,600)/(200+60×50%)＝193.91（元/件）
乙產品單位成本：80+30+193.91＝303.91（元/件）

(3) 與傳統的成本計算方法相比，作業成本法能夠提供更

加真實、準確的成本信息。

本題中甲產品的真實單位成本應該是 230 元，而決策者制定的單位售價為 203.33+10＝213.33（元）。如果與傳統的單位成本（203.33 元）比較，好像有利可圖，結果實際上是在暢銷的同時，每銷售一件產品，就要虧損 230-213.33＝16.67 元，如果按照作業成本法計算，則會避免這個決策失誤；對於乙產品而言，真實單位成本應該是 290 元，顯然 303.91+10＝313.91 元的定價偏高，會對銷量產生負面影響，給企業造成損失。而如果按照作業成本法計算，把單位售價降低一些，則會避免這個損失的發生。

（五）思考題

答案（略）。

第五章
產品成本核算的其他方法

一、學習目的

通過本章學習，主要達到以下目的：

1. 瞭解分類法的主要目的和計算程序，並掌握系數法的計算；

2. 瞭解變動成本法的含義，掌握變動成本法與完全成本法的區別；

3. 瞭解定額成本法的含義，掌握定額成本法的成本計算。

二、重點和難點

（一）分類法

1. 分類法的概念和適用範圍

（1）什麼是分類法？

分類法是指以產品的類別作為成本的計算對象，用以歸集生產費用，計算出各類產品實際成本，再在類內各種產品之間進行成本分配，計算出類內各種產品成本的方法。

（2）為什麼要使用分類法？

採用分類法可以簡化產品成本的計算工作。

（3）什麼情況下可以採用分類法？

凡是產品的品種繁多，而且可以按照一定的要求或標準劃分為若干類別的企業或車間，都可以用分類法計算產品成本。分類法可以將品種相同、規格不同，或者所耗用原材料和工藝過程基本相同的產品作為一類。

分類法與生產的類型沒有直接的關係，因而可以在各種類型的生產中應用，但必須建立在分步法、分批法和品種法基礎之上。

2. 分類法的特點

按照產品類別歸集費用，計算成本；同一類產品內不同品種產品的成本採用一定的分配方法分配確定。即先按照產品的類別設立產品成本明細帳，歸集產品的生產費用，計算各類產品成本；然后選擇合理的分配標準，在每類產品的各種產品之間分配費用，計算每類產品內各種產品的成本。

3. 分類法的計算程序

（1）劃分產品類別，計算類別產品成本。根據產品的結構、所耗用原材料和產品生產工藝過程的不同，將產品劃分為若干類別，按照產品的類別設置生產成本明細帳，歸集和分配生產費用，並計算出各類別完工產品成本。

劃分產品類別應注意：類距定得過大，會影響成本計算的正確性；類距定得過小，會使成本計算工作複雜。而在選擇類內產品費用分配標準時，應盡量選擇與產品成本的高低關係較大的分配標準。

（2）計算類內各種產品成本。同類產品內各種產品之間可以選擇合理的分配標準，將某一類完工產品成本在類內的各種產品之間進行分配，計算出類內各種產品成本。

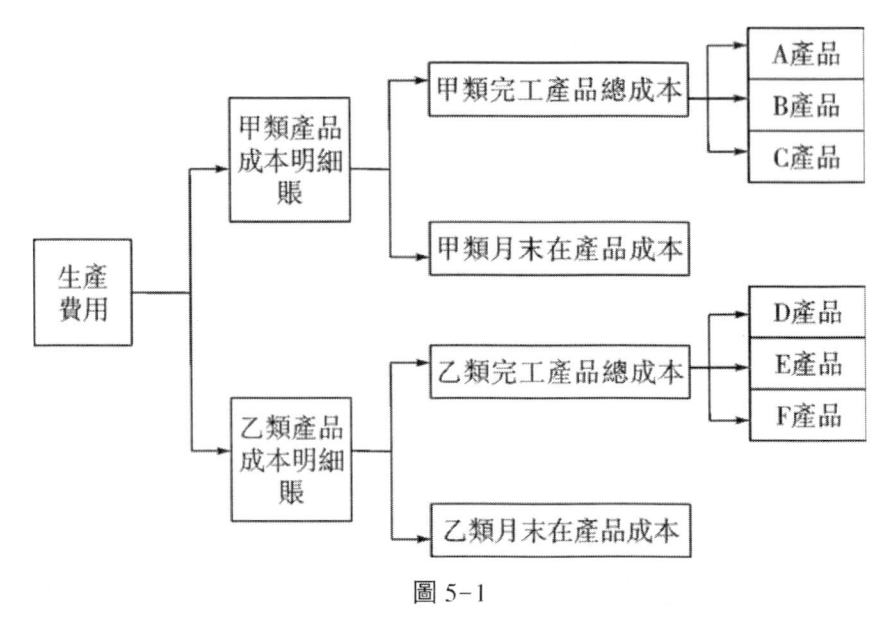

```
                                    ┌─ A產品
                    ┌─ 甲類完工產品總成本 ─┼─ B產品
        ┌─ 甲類產品      │                  └─ C產品
        │   成本明細    │
        │   賬        └─ 甲類月末在產品成本
生產    │
費用 ──┤
        │                               ┌─ D產品
        │   乙類產品    ┌─ 乙類完工產品總成本 ─┼─ E產品
        └─ 成本明細    │                  └─ F產品
            賬        │
                     └─ 乙類月末在產品成本
```

圖 5-1

4. 在同一類別的不同產品之間分配成本的方法

（1）按產量、消耗定額等指標分配成本，如重量、體積、面積、長度、售價、定額消耗量、定額成本等。

（2）按產品系數分配成本。為了簡化分配工作，也可以將分配標準折算成相對固定的系數，按照固定的系數分配同類產品內各種產品的成本。確定系數時，一般是在同類產品中選擇一種產量較大、生產比較穩定或規格折中的產品作為標準產品，把這種產品的分配標準額的系數定為「1」；用其他各種產品的分配標準額與標準產品的分配標準額相比，求出其他產品的分配標準額與標準產品的分配標準額的比率，即系數。系數一經確定，應相對穩定，不應任意變更。在分類法中，按照系數分配同類產品內各種產品成本的方法，也叫系數法。因此，系數法是分類法的一種，也可以稱為簡化的分類法。運用系數法計算類內各種產品成本的計算程序如下：

①在某一類別產品中選擇其中的一種產品為標準產品，並確定其系數為「1」。

②以標準產品分配標準額為依據，分別確定類內其他各種產品的系數。其計算公式為：

$$\text{類內某種產品的係數} = \frac{\text{該種產品的分配標準額}}{\text{標準產品的分配標準額}}$$

③計算類內各種產品的標準產量，也可以稱為總係數。其計算公式為：

$$\text{類內某種產品的標準產量} = \text{該種產品的實際產量} \times \text{該種產品的係數}$$

④計算各成本項目費用分配率。其計算公式為：

$$\text{某類產品某項費用分配率} = \frac{\text{該類完工產品該項費用總額}}{\text{該類內各種產品標準產量之和}}$$

⑤計算類內各種產品各成本項目費用。其計算公式為：

$$\text{類內某種產品應負擔的某項費用} = \text{該種產品的標準產量} \times \text{該類產品該項費用分配率}$$

⑥計算類內各種產品總成本和單位成本。其計算公式為：

類內某種產品總成本 = 該種產品各成本項目費用之和

$$\text{類內某種產品單位成本} = \frac{\text{該種產品總成本}}{\text{該種產品實際產量}}$$

（二）變動成本法

1. 變動成本法與完全成本法的比較分析

表 5-1　變動成本法與完全成本法的比較分析

	變動成本法	完全成本法
概念	是指在計算產品成本時，只將生產過程中所消耗的直接材料、直接人工和變動製造費用作為產品成本的內容，而將固定製造費用及非生產成本作為期間成本的一種成本計算方法。	即傳統成本計算方法。
應用的前提條件不同	要求進行成本性態分析，把全部成本劃分為變動成本和固定成本。	要求把全部成本按其發生的領域或經濟用途分為生產成本和非生產成本。

表5-1(續)

	變動成本法	完全成本法
產品成本及期間成本的構成內容不同	產品成本全部由變動生產成本構成，包括直接材料、直接人工和變動製造費用，期間成本由全部固定生產成本和全部變動性非生產成本之和構成。	產品成本包括全部生產成本，即直接材料、直接人工、製造費用，期間成本則僅包括全部非生產成本。
銷貨成本及存貨成本水平不同	固定製造費用作為期間成本直接計入當期損益，因而沒有轉化為銷貨成本或存貨成本的可能。	固定製造成本計入產品成本，當期末存貨不為零時，本期發生的固定製造費用需要在本期銷貨和期末存貨之間分配，被銷貨吸收的固定製造費用計入本期損益，被期末存貨吸收的固定製造費用遞延到下期。
常用的銷貨成本計算公式不同	本期銷貨成本 =單位變動生產成本×本期銷貨量	本期銷貨成本 =期初存貨成本+本期發生產品成本-期末存貨成本
損益確定程序不同	按貢獻式損益確定程序計量營業損益。 貢獻邊際=營業收入-變動成本 營業利潤=貢獻邊際-固定成本	按傳統式損益確定程序計量營業損益。 營業毛利=營業收入-營業成本 營業利潤=營業毛利-營業費用
所提供信息的用途不同（最本質區別）	主要滿足內部管理的需要，利潤與銷售量之間有一定規律性聯繫	主要滿足對外提供報表的需要，利潤與銷售量之間的聯繫缺乏規律性

2. 變動成本法與完全成本法下營業淨利潤計算的比較分析

在各期單位變動成本、固定製造費用相同的情況下：

生產量=銷售量時，兩種成本法所確定營業淨利潤相等。

生產量<銷售量時，採用完全成本法所確定營業淨利潤<採用變動成本法所確定營業淨利潤。

生產量>銷售量時，採用完全成本法所確定營業淨利潤>採用變動成本法所確定營業淨利潤。

在其他條件不變的情況下，只要某期完全成本法下期末存貨吸收的固定製造費用與期初存貨釋放的固定製造費用的水平相同，就意味著兩種成本法計入當期損益表的固定製造費用的數額相同，兩種成本法的當期營業淨利潤必然相等；如果某期完全成本法下期末存貨吸收的固定製造費用與期初存貨釋放的

固定製造費用的水平不同，就意味著兩種成本法計入當期損益表的固定製造費用的數額不同，一定會使兩種成本法的當期營業淨利潤不相等。用公式表示如下：

$$\begin{matrix}\text{完全成本法計入當期}\\\text{損益表的固定製造費用}\end{matrix} = \begin{matrix}\text{期初存貨釋放的}\\\text{固定製造費用}\end{matrix} + \begin{matrix}\text{本期發生的}\\\text{固定製造費用}\end{matrix} - \begin{matrix}\text{期末存貨吸收的}\\\text{固定製造費用}\end{matrix}$$

$$\begin{matrix}\text{變動成本法計入當期損益表的}\\\text{固定製造費用}\end{matrix} = \text{本期發生的固定製造費用}$$

$$\begin{matrix}\text{兩種成本法計入當期損益表}\\\text{固定製造費用的差額}\end{matrix} = \begin{matrix}\text{完全成本法下期初存貨}\\\text{釋放的固定製造費用}\end{matrix} - \begin{matrix}\text{完全成本法下期末存貨}\\\text{吸收的固定製造費用}\end{matrix}$$

$$\begin{matrix}\text{兩種成本法計入當期}\\\text{營業淨利潤的差額}\end{matrix} = \begin{matrix}\text{完全成本法下期初存貨}\\\text{釋放的固定製造費用}\end{matrix} - \begin{matrix}\text{完全成本法下期末存貨}\\\text{吸收的固定製造費用}\end{matrix}$$

3. 變動成本法與完全成本法的結合

在實際工作中常採用以下三種方法處理這兩種成本計算方法之間的關係。

第一種觀點是採用「雙軌制」。即在完全成本法核算資料之外，另外設置一套變動成本法的核算系統，提供兩套平行的成本核算資料，對外報告按完全成本法進行，對內管理採用變動成本法，分別滿足不同的需要。

第二種觀點是採用「單軌制」。即以變動成本法完全取代完全成本法，最大限度地發揮變動成本法的優點。

第三種觀點是採用「結合制」。即將變動成本法與完全成本法結合使用，日常核算建立在變動成本法的基礎上，以滿足企業內部經營管理的需要；期末對需要按完全成本法反應的有關項目進行調整，以滿足對外報告的需要。

(三) 定額成本法

1. 採用定額成本法如何計算產品成本？

產品實際成本的計算公式為：

完工產品實際成本 = 完工產品定額成本 ± 脫離定額差異 ± 定額變動差異 ± 材料成本差異

在定額法下，分配成本差異時，應按脫離定額差異、材料成本差異和月初在產品定額變動差異分別進行。差異金額不大，或者差異金額雖大但各月在產品數量變動不大的，可以歸由完工產品成本負擔；差異金額較大而且各月在產品數量變動也較大的，應在完工產品與月末在產品之間按定額成本比例分配。

分配各種成本差異以後，根據完工產品的定額成本，加減應負擔的各種成本差異，即可計算完工產品的實際成本；根據月末在產品的定額成本，加減應負擔的各種成本差異，即可計算月末在產品的實際成本。

2. 定額成本法下的成本計算程序。

在定額成本制度下，產品實際成本的計算可以遵照以下程序進行：

（1）按產品別編製月初產品定額成本表，若定額有修訂，應在該表中註明。

（2）按成本計算對象設置成本明細帳，按成本項目設置「期初在產品成本」「本月產品費用」「生產費用累計」「完工產品成本」和「月末在產品成本」等專欄，各欄又分為「定額成本」「脫離定額差異」「定額變動差異」「材料成本差異」各小欄。

（3）編製費用分配明細表，各項費用應按定額成本和脫離定額差異進行匯總和分配。

（4）登記各產品成本明細帳。產品明細帳中的期初在產品成本各欄目可以根據上月成本明細帳中的期末在產品各欄目填列。若月初定額有降低，可在「月初在產品定額成本變動」欄

中的「定額成本調整」欄用「－」號表示，同時，在「定額變動差異」欄用「＋」符號表示；若定額成本有提高，則在「定額成本調整」欄用「＋」號表示，同時，在「定額變動差異」欄用「－」號表示。

（5）分配計算完工產品和月末在產品成本。產成品的定額成本應根據事先編製好的產品定額成本表中產品月初成本定額乘上產成品數量求得；然后，根據「生產費用累計」中的定額成本合計減去產成品的定額成本，就是月末在產品的定額成本。

（6）如果有不可修復廢品，應按成本項目計算其定額成本，並按定額成本分配計算定額差異或定額變動差異以及材料成本差異，但若不可修復廢品不多時，也可以不承擔這些差異。廢品成本計算出來后，連同可修復廢品的修復費用記入「廢品損失」成本項目的「本月產品費用」中的「脫離定額差異」小欄內，並全部由產成品負擔。

（7）產成品的實際成本由產成品的定額成本加減脫離定額差異和定額變動差異等求得，並可以進行成本的事后分析。

（8）成本核算人員應將成本核算、分析結果及改進建議上報單位負責人，由單位負責人對成本控制做出最后的決策和評價。

3. 定額成本如何制定？

產品的定額成本包括直接材料定額成本、直接人工定額成本、製造費用定額成本。其計算公式分別為：

$$\text{直接材料定額成本} = \text{直接材料定額耗用量} \times \text{材料計劃單價}$$

$$= \text{本月投產量} \times \text{單位產品材料消耗定額} \times \text{材料計劃單價}$$

$$\text{直接人工定額成本} = \text{產品定額工時} \times \text{計劃小時工資率}$$

$$= \text{產品約當產量} \times \text{單位產品工時定額} \times \text{計劃小時工資率}$$

$$\begin{aligned}\text{製造費用定額成本} &= \text{產品定額工時} \times \text{計劃小時費用率} \\ &= \text{產品約當產量} \times \text{單位產品工時定額} \times \text{計劃小時費用率}\end{aligned}$$

定額成本的制定一般是通過編製產品定額成本計算表的方式進行的。該表可以先按零件編製，然后匯總編製部件。若產品零部件較多，也可以不編製零部件定額成本表而直接編製產品定額成本表。

4. 各項差異如何計算？

（1）脫離定額差異的計算。

脫離定額差異是指在生產過程中，各項生產費用的實際支出脫離現行定額或預算的數額，包括直接材料脫離定額差異的計算、直接人工脫離定額差異的計算、製造費用脫離定額差異的計算。現分述如下：

①直接材料脫離定額差異的計算。直接材料脫離定額差異是指生產過程中產品實際耗用材料數量與其定額耗用量之間的差異。其計算公式為：

$$\text{直接材料脫離定額差異} = \sum[(\text{材料實際耗用量} - \text{材料定額耗用量}) \times \text{材料計劃單價}]$$

在實際工作中，計算直接材料脫離定額差異的方法，一般有限額法、切割法和盤存法。

②直接人工脫離定額差異的計算。人工費用脫離定額差異的計算因採用的工資制度不同而有所區別。

在計件工資制度下，直接人工費用屬於直接計入費用，按計件單價支付的生產工人工資及福利費就是定額工資，沒有脫離定額差異。因此，在計件工資制下，脫離定額的差異往往是指因工作條件變化而在計件單價之外支付的工資、津貼、補貼等。符合定額的生產工人工資，應該反應在產量記錄中，脫離定額的差異通常反應在專設的補付單等差異憑證中。

在計時工資形式下，生產工人工資屬於間接計入費用，其

脫離定額的差異不能在平時按照產品直接計算，只有在月末實際生產工人工資總額確定以後，才能按照下列公式計算：

$$計劃小時工資率 = \frac{計劃產量的定額直接工人費用}{計劃產量的定額生產工時}$$

$$實際小時工資率 = \frac{實際直接人工費用總額}{實際生產工時總額}$$

$$\frac{某產品定額}{直接人工費用} = \frac{該產品實際完成的}{定額生產工時} \times \frac{計劃小時}{工資率}$$

$$\frac{某產品實際}{直接人工費用} = 該產品實際生產工時 \times 實際小時工資率$$

$$\frac{某產品直接人工}{脫離定額的差異} = \frac{該產品實際}{直接人工費用} - \frac{該產品定額}{直接人工費用}$$

不論採用哪種工資形式，都應根據上述核算資料，按照成本計算對象匯編定額直接人工費用定額和脫離定額差異匯總表。

③製造費用脫離定額差異的計算。製造費用差異的日常核算，通常是指脫離製造費用計劃的差異核算。各種產品所應負擔的定額製造費用和脫離定額的差異，只有在月末時才能比照上述計時工資的計算公式確定。

（2）定額變動差異的計算。

由於生產技術的進步和勞動生產率的提高，原來制定的消耗定額或費用定額一定時期后需要修訂，修訂後的新定額與修訂前的舊定額之間的差異，就是定額變動差異。

定額的修訂一般在月初進行。因而，根據一致性原則，必須將月初在產品舊定額成本按新定額進行調整，計算月初在產品由於定額本身變動而產生的定額變動差異。可以按照定額變動系數進行計算。其公式為：

$$定額變動系數 = \frac{按新定額計算的單位產品成本}{按舊定額計算的單位產品成本}$$

$$\frac{月初在產品}{定額變動差異} = \frac{按舊定額計算的}{月初在產品成本} \times (1 - 定額變動系數)$$

需要說明的是，計算定額變動只是為了統一計量基礎，並

不改變產品成本總額。因此，在定額降低時，應同金額減少定額成本和增加定額變動；在定額提高時，應同金額增加定額成本和減少定額變動。

（3）材料成本差異的計算。

在定額法下，材料的日常核算一般按計劃成本進行，材料脫離定額差異只是以計劃單價反應的消耗量上的差異（量差），未包括價格因素。因此，月末計算產品的實際材料費用時，需計算所耗材料應分攤的成本差異，即所耗材料的價格差異（價差）。其計算公式為：

$$\text{某產品應分配的材料成本差異} = \left(\text{該產品材料定額成本} \pm \text{材料脫離定額差異} \right) \times \text{材料成本差異率}$$

三、同步訓練

（一）單項選擇題

1. 下列各項中，適用於產品成本計算的分類法計算成本的是（　　）。

    A. 品種、規格繁多的產品

    B. 可以按照一定標準分類的產品

    C. 只適用於大量大批生產的產品

    D. 品種、規格繁多，而且可以按照一定標準分類的產品

2. 下列各項中，屬於按照系數比例分配同類產品中各種產品成本的方法是（　　）。

    A. 簡化的分類法

    B. 分配間接費用的方法

    C. 單獨的產品成本計算方法

    D. 完工產品和月末在產品之間分配費用的方法

3. 下列各項中，關於採用分類法目的的表述，正確的是（　　）。

A. 分類計算產品成本
B. 準確計算各種產品的成本
C. 簡化各種產品的成本計算工作
D. 簡化各類產品的成本計算工作

4. 下列各項中，關於產品成本的定額法適用範圍的表述，正確的是（　　）。
A. 與生產的類型沒有直接關係
B. 與生產的類型有直接的關係
C. 只適用於小批單件生產的企業
D. 只適用於大批大量生產的機械製造企業

5. 下列各項中，關於原材料脫離定額差異的表述，正確的是（　　）。
A. 價格差異　　　　　B．定額變動差異
C. 原材料成本差異　　D. 數量差異

6. 下列各項中，需要計算定額變動差異的是（　　）。
A. 月初在產品　　　　B. 月末在產品
C. 本月投入產品　　　D. 本月完工產品

7. 下列各項中，關於定額成本的表述，正確的是（　　）。
A. 本企業確定的計劃成本　B. 本企業實際發生的成本
C. 先進企業的平均成本　　D. 本企業成本控制的目標

8. 下列各項中，在變動成本法下不應計入產品成本的是（　　）。
A. 直接材料　　　　　B. 直接人工
C. 固定製造費用　　　D. 變動製造費用

9. 某企業生產 20 件產品，耗用直接材料 100 元，直接人工 60 元，變動製造費用 80 元，固定製造費用 60 元，則在完全成本法單位產品成本為（　　）元。
A. 5　　　　　　　　B. 8
C. 12　　　　　　　　D. 15

10. 已知某企業只生產一種產品，本期完全成本法下期初存貨成本中的固定製造費用為 3,000 元，期末存貨成本中的固定

製造費用為1,000元，按變動成本法確定的利潤為50,000元，假定沒有在產品存貨。則按照完全成本法確定的本期利潤為（　　）元。

  A. 48,000　　　　　　　B. 50,000
  C. 51,000　　　　　　　D. 52,000

（二）多項選擇題

1. 採用分類法計算成本時，下列各項中，可作為產品可歸類標準的有（　　）。

  A. 產品的售價
  B. 產品的性質和用途
  C. 產品生產工藝技術過程
  D. 產品結構和耗用原材料

2. 下列各項中，屬於類內不同品種規格、型號產品之間成本分配的標準有（　　）。

  A. 定額總費用量　　　　B. 定額耗用總量
  C. 產品重量、體積　　　D. 產品編號順序

3. 下列產品中可以作為同一個成本核算對象的有（　　）。

  A. 燈泡廠同一類別不同瓦數的燈泡
  B. 煉油廠同時生產出的汽油、柴油、煤油
  C. 機床廠各車間同時生產的車床、刨床、銑床
  D. 無線電元件廠同一類別不同規格的無線電元件

4. 下列各項中，屬於確定類內不同規格、型號產品系數的依據有（　　）。

  A. 產品售價　　　　　　B. 產品定額費用
  C. 產品定額耗用量　　　D. 產品體積、面積等

5. 下列各項中，關於變動成本法和完全成本法的表述，正確的有（　　）。

  A. 在完全成本法下，全部成本都計入產品成本
  B. 在變動成本法提供的資料不能充分滿足決策的需要

C. 在變動成本法下，利潤＝銷售收入－銷售成本－固定製造費用－銷售和管理費用

D. 在完全成本法下，各會計期發生的全部生產成本要在完工產品和在產品之間分配

6. 在變動成本法下，下列各項中，屬於期間成本的有（　　）。

 A. 直接材料　　　　　B. 管理費用
 C. 銷售費用　　　　　D. 固定製造費用

7. 在變動成本法中，下列各項中，屬於產品成本的有（　　）。

 A. 直接材料費用　　　B. 直接人工費用
 C. 固定製造費用　　　D. 變動製造費用

8. 採用定額法計算產品成本時，下列各項中，屬於產品實際成本的組成項目有（　　）

 A. 定額成本　　　　　B. 脫離定額差異
 C. 材料成本差異　　　D. 定額變動差異

9. 下列各項中，屬於制定定額成本的依據有（　　）。

 A. 現行材料消耗定額　B. 現行工時消耗定額
 C. 現行費用定額　　　D. 其他有關資料

10. 下列各項中，屬於企業採用定額法計算產品成本應當具備的條件有（　　）。

 A. 定額管理制度比較健全
 B. 定額管理基礎工作比較好
 C. 產品生產已經定型
 D. 各項消耗定額比較準確、穩定

(三) 判斷題

1. 分類法不是成本計算的基本方法，它與企業生產類型沒有直接關係。　　　　　　　　　　　　　　　　（　　）

2. 分類法應以各種產品品種作為成本核算對象。（　　）

3. 用分類法計算出的類內各種產品的成本具有一定的假定性。　　　　　　　　　　　　　　　　　　　（　　）

4. 只有大量大批生產的企業才能採用定額法計算產品成本。
                                              (   )
5. 定額成本是一種目標成本，是企業進行成本控制和考核的依據。   (   )
6. 定額變動差異是產品生產過程中實際生產費用脫離現行定額的差異。   (   )
7. 脫離定額差異也可以與定額變動差異合併為一個項目。
                                              (   )
8. 成本性態分析的最終結果是將企業的全部成本區分為變動成本、固定成本和混合成本三大類。   (   )
9. 成本按習性分類是變動成本法應用的前提條件。   (   )
10. 在變動成本法下，本期利潤不受期初、期末存貨變動的影響；而在完全成本法下，本期利潤受期初、期末存貨變動的影響。   (   )

（四）計算分析題

1. 某企業生產 A、B、C 三種產品，所耗用的原材料和產品的生產工藝相同，因此歸為一類產品，即甲類產品，採用分類法計算產品成本。200×年 6 月份有關成本計算資料如下：

（1）月初在產品成本和本月生產費用見表 5-2。

表 5-2　　　月初在產品成本和本月生產費用表　　　單位：元

摘要	直接材料	直接人工	製造費用	合計
月初在產品成本	18,400	16,340	57,340	92,080
本月生產費用	232,000	96,760	114,800	443,560

（2）各種產品本月產量資料和定額資料見表 5-3。

表 5-3　　各種產品本月產量資料和定額資料表

產品名稱	本月實際產量(件)	材料消耗定額(元)	工時消耗定額(元)
A	400	300	21
B	600	600	15
C	300	720	24

（3）B產品為標準產品；甲類產品採用月末在產品按固定成本計算法在完工產品與在產品之間進行分配。

（4）不考慮其他因素。

要求：

（1）完成甲類產品成本計算單，見表5-4。

表 5-4　　　　　　甲類產品成本計算單

200×年 6 月　　　　　　　　　單位：元

摘要	直接材料	直接人工	製造費用	合計
月初在產品成本	18,400	16,340	57,340	92,080
本月生產費用	232,000	96,760	114,800	443,560
生產費用合計				
本月完工產品總成本				
月末在產品成本				

（2）計算各種產品系數和本月總系數，見表5-5。

表 5-5　　　　　　甲類產品系數計算表

200×年 6 月　　　　　　　　　單位：元

產品名稱	本月實際產量	材料消耗定額	材料系數	材料總系數	工時消耗定額	工時系數	工時總系數
A	400	300			21		
B	600	600			15		
C	300	720			24		
合計							

（3）採用系數分配法計算類內各種產品成本和單位成本，完成類內各種產品成本計算表，見表5-6。

表 5-6　　　　　　　　類內各種產品成本計算表

產品類別：甲類　　　　　　200×年6月　　　　　　　　單位：元

產品	本月實際產量	總系數		總成本				單位成本
		直接材料	加工費用	直接材料	直接人工	製造費用	成本合計	
分配率								
A	400							
B	600							
C	300							
合計								

2. 練習副產品成本的計算。

資料：某企業在生產甲產品的同時附帶生產出 C 副產品，C 副產品分離后需進一步加工才能出售。本月甲產品及其副產品共發生成本 300,000 元，其中直接材料占 50%、直接人工占 20%、製造費用占 30%。C 副產品進一步加工發生直接人工費用 4,000 元、製造費用 5,000 元。本月生產甲產品 5,000 千克，C 副產品 4,000 千克。C 副產品單位售價為 24 元，單位稅金和利潤合計為 4 元，不考慮其他因素。

要求：

（1）按副產品負擔可歸屬成本，又負擔分離前聯合成本（售價減去銷售稅金和利潤）的方法計算 C 副產品成本，填製完成副產品成本計算單；

（2）計算甲產品實際總成本和單位成本。

表 5-7　　　　　　　　副產品成本計算單

產品：C 產品　　　　　　20××年5月　　　　　　產量：4,000 千克

成本項目	分攤的聯合成本	可歸屬成本	副產品總成本	副產品單位成本
直接人工				
直接材料				
製造費用				
合　計				

3. 某企業生產 20 件產品，耗用直接材料 100 元、直接人工 120 元、變動製造費用 80 元、固定製造費用 40 元。假設本期銷售 18 件產品，期末庫存產成品 2 件，沒有在產品存貨。該企業產品售價 25 元/件，變動銷售及管理費用 3 元/件，固定銷售及管理費用 50 元/月，不考慮其他因素。

要求：分別計算完全成本法和變動成本法下的產品總成本和單位成本、期末存貨價值、利潤，並說明兩種方法計算的利潤出現差異的原因。

4. A 產品採用定額法計算成本。本月有關 A 產品原材料費用的資料如下：

（1）月初在產品定額費用為 1,000 元，月初在產品脫離定額的差異為節約 50 元，月初在產品定額費用調整后降低 20 元。定額變動差異全部由完工產品負擔。

（2）本月定額費用為 24,000 元，本月脫離定額的差異為節約 500 元。

（3）本月原材料成本差異率為節約 2%，材料成本差異全部由完工產品成本負擔。

（4）本月完工產品的定額費用為 22,000 元。

（5）不考慮其他因素。

要求：

（1）計算月末在產品的原材料定額費用。

（2）計算完工產品和月末在產品的原材料實際費用（脫離定額差異按定額費用比例在完工產品和月末在產品之間分配）。

（五）簡答題

1. 什麼是分類法？有什麼特點？
2. 簡述分類法的優缺點和使用時應注意的問題。
3. 簡述變動成本法的局限性。
4. 什麼是定額成本法？有什麼特點？
5. 簡述定額法的應用條件。

四、同步訓練答案

(一) 單項選擇題

1. D　　2. A　　3. C　　4. A　　5. D　　6. A
7. D　　8. C　　9. D　　10. A

(二) 多項選擇題

1. BCD　　2. ABC　　3. ABD　　4. ABCD　　5. BCD
6. BCD　　7. ABD　　8. ABCD　　9. ABCD　　10. AB

(三) 判斷題

1. √　　2. ×　　3. √　　4. ×　　5. √　　6. ×
7. ×　　8. ×　　9. √　　10. ×

(四) 計算分析題

1. (1) 完成甲類產品成本計算單，見表5-8。

表5-8　　　　　　　甲類產品成本計算單
200×年6月　　　　　　　　　　　　　單位：元

摘要	直接材料	直接人工	製造費用	合計
月初在產品成本	18,400	16,340	57,340	92,080
本月生產費用	232,000	96,760	114,800	443,560
生產費用合計	250,400	113,100	172,140	535,640
本月完工產品總成本	232,000	96,760	114,800	443,560
月末在產品成本	18,400	16,340	57,340	92,080

(2) 計算各種產品系數和本月總系數，見表5-9。

表 5-9　　　　　　　　甲類產品系數計算表

200×年 6 月　　　　　　　　　單位：元

產品名稱	本月實際產量	材料消耗定額	材料系數	材料總系數	工時消耗定額	工時系數	工時總系數
A	400	300	0.5	200	21	1.4	560
B	600	600	1	600	15	1	600
C	300	720	1.2	360	24	1.6	480
合計				1,160			1,640

（3）採用系數分配法計算類內各種產品成本和單位成本，完成類內各種產品成本計算表，見表 5-10。

表 5-10　　　　　類內各種產品成本計算表

產品類別：甲類　　　　200×年 6 月　　　　　　單位：元

產品	本月實際產量	總系數		總成本				單位成本
		直接材料	加工費用	直接材料	直接人工	製造費用	成本合計	
分配率				200	59	70		
A	400	200	560	40,000	33,040	39,200	112,240	280.6
B	600	600	600	120,000	35,400	42,000	197,400	329
C	300	360	480	72,000	28,320	33,600	133,920	446.4
合計		1,160	1,640	232,000	96,760	114,800	443,560	

2.（1）副產品應負擔的聯合成本

＝4,000×(24-4)-(4,000+5,000)

＝80,000-9,000

＝71,000（元）

其中：

直接材料成本＝71,000×50%＝35,500（元）

直接人工成本＝71,000×20%＝14,200（元）

製造費用成本＝71,000×30%＝21,300（元）

表 5-11　　　　　　　　　　副產品成本計算單

產品：C 產品　　　　　　20××年 5 月　　　　　產量：4,000 千克

成本項目	分攤的聯合成本	可歸屬成本	副產品總成本	副產品單位成本
直接人工	35,500		35,500	8.875
直接材料	14,200	4,000	18,200	4.55
製造費用	21,300	5,000	26,300	6.575
合　計	71,000	9,000	80,000	20

（2）甲產品實際總成本＝300,000－71,000＝229,000（元）

甲產品單位成本＝229,000÷5,000＝45.8（元/千克）

3.（1）計算產品總成本和單位成本

採用完全成本法：

產品總成本＝100＋120＋80＋40＝340（元）

單位成本＝340÷20＝17（元）

採用變動成本法：

產品總成本＝100＋120＋80＝300（元）

單位成本＝300÷20＝15（元）

（2）計算期末存貨價值

採用完全成本法：

期末存貨價值＝2×17＝34（元）

採用變動成本法：

期末存貨價值＝2×15＝30（元）

（3）計算利潤

採用完全成本法，見表 5-12。

表 5-12　　　　　　　　　　利潤計算表

項目	金額（元）
銷售收入（25 元×18 件）	450
減：銷售成本（17 元×18 件）	306
毛利	144
減：銷售及管理費用（3 元×18 件＋50 元）	104
利潤	40

採用變動成本法，見表 5-13。

表 5-13　　　　　　　利潤計算表

項目	金額（元）
銷售收入（25 元×18 件）	450
減：銷售成本（15 元×18 件）	270
邊際貢獻（製造）	180
減：期間成本	
固定製造費用	40
銷售與管理費用（3 元×18 件+50）	104
利潤	36

兩種成本計算方法確定的利潤相差 4 元（40-36）。其原因是：由於本期產量大於銷售量，期末存貨增加了 2 件，2 件存貨的成本包含了 4 元固定製造費用。在變動成本法下扣除的固定製造費用為 40 元（2×20），在完全成本法下扣除的固定製造費用為 36 元（2×18），所以利潤相差 4 元。

4. 月末在產品的原材料定額費用
＝1,000-20+24,000-22,000
＝2,980（元）

原材料脫離定額差異率
＝(-50-500)÷(22,000+2,980)×100%
＝-2.2%

本月應負擔的原材料成本差異＝(24,000-500)×(-2%)
　　　　　　　　　　　　　＝-470（元）

本月完工產品原材料實際費用＝22,000×(1-2.2%)-470+20
　　　　　　　　　　　　　＝21,066（元）

月末在產品原材料實際費用＝2,980×(1-2.2%)
　　　　　　　　　　　　＝2,914.44（元）

(五) 簡答題

答案（略）。

第六章 成本報表

一、學習目的

通過本章學習,主要達到以下目的:

1. 瞭解成本報表的種類、編製要求、作用;
2. 掌握成本報表的概念,以及產品生產成本表、主要產品單位成本表、製造費用明細表、期間費用明細表的編製;
3. 掌握產品生產成本表、主要產品單位成本表的分析。

二、重點和難點

(一) 成本報表的概念

1. 成本報表的概念

成本報表是根據工業企業產品成本和經營管理費用核算的帳簿等有關資料定期編製、用來反應工業企業一定時期產品成本和經營管理費用的水平與構成情況的報告文件。

成本報表一般包括產品生產成本表、主要產品單位成本表、製造費用明細表、產品銷售費用明細表、管理費用明細表和財務費用明細表。

2. 成本報表的作用

（1）企業和相關部門利用成本報表，可以檢查企業（部門）成本預算的執行情況，考核企業（部門）成本工作績效，對企業（部門）成本工作進行評價。

（2）通過成本報表分析，可以揭示影響產品成本指標和費用項目變動的因素與原因，從生產技術、生產組織和經營管理等各方面挖掘節約費用支出與降低產品成本的潛力，提高企業的經濟效益。

（3）成本報表提供的成本資料，不僅可以滿足企業、車間和部門加強日常成本、費用管理的需要，而且是企業進行成本、利潤的預測、決策，編製產品成本計劃和各項費用計劃，制定產品價格的重要依據。

3. 成本報表的編製要求

數字真實、計算準確、內容完整、報送及時。

4. 成本報表的種類

（1）按報表反應的經濟內容分類

成本報表按其反應的經濟內容，一般可以分為反應企業費用水平及其構成情況的報表和反應企業產品成本水平及其構成情況的報表兩類。

（2）按報表編製的時間分類

成本報表按其編製的時間，可以分為年度報表、半年度報表、季度報表、月報以及旬報、周報、日報和班報。

（二）成本報表的編製

1. 產品生產成本表

產品生產成本表是反應企業在一定會計期間生產產品所發生的生產費用總額和全部產品生產總成本的報表。

企業一定會計期間全部產品的生產成本總額，可以按照產品品種和類別反應，也可以按照產品成本項目反應。按產品品種和類別編製的產品生產成本表，一般分為產量、單位成本、生產總成本等部分。單位成本包括上年實際平均單位成本、本

年計劃單位成本、本月實際單位成本和本年累計實際平均單位成本等；產量包括本月實際產量和本年累計實際產量；總成本包括本月總成本和本年累計總成本。按成本項目編製的產品生產成本表，一般分為「生產費用總額」「產品生產成本」「在產品和自製半成品成本」等部分。

2. 主要產品單位成本表

主要產品單位成本表是反應企業一定會計期間內生產的各種主要產品的單位成本及其構成情況的報表。

該表通常按月編製，應按企業主要產品分別編製，即每種主要產品編製一張報表。

3. 製造費用明細表

製造費用明細表是反應企業及其生產單位在一定會計期間內發生的製造費用總額及其構成情況的報表。

(三) 成本報表的分析

1. 成本分析的含義

成本分析是根據成本核算資料和成本計劃資料及其他有關資料，運用一系列專門方法，揭示企業費用預算和成本計劃的完成情況，查明影響費用預算和成本計劃完成的原因，計算各種因素變化的影響程度，尋找降低成本、節約費用的途徑，挖掘企業內部增產節約的潛力的一項專門工作。成本分析是成本核算工作的繼續，是成本會計的重要組成部分。

2. 成本分析的意義

對於企業來說，進行成本分析主要有以下幾個方面的意義：①查明成本計劃和費用預算的完成情況；②落實成本管理的責任制；③挖掘內部增產節約潛力。

3. 成本分析的內容

產品成本分析的內容，通常包括以下三個方面：①產品生產成本表分析，包括全部產品生產成本計劃執行情況和可比產品成本降低任務計劃執行情況的分析與評價；②主要產品單位成本表分析，重點分析企業經常生產的，在企業產品總成本中

占較大比重且能代表企業生產全貌的主要產品，分析的內容，主要是各個成本項目執行計劃的情況，並確定單位成本的升降原因；③車間、班組成本分析。

4. 成本分析的方法

成本分析的方法很多，主要包括比較分析法、比率分析法、連環替換分析法等。

（1）比較分析法。比較分析法是通過實際數與基數的對比來揭示實際數與基數之間的差異，借以瞭解經濟活動的成績和問題的一種分析方法。

（2）比率分析法。比率分析法是通過計算各項指標之間的相對數，即比率，借以考察經濟業務的相對效益的一種分析方法。比率分析法主要有相關指標比率分析法、構成比率分析法和動態比率分析三種方法。

（3）連環替換分析法。連環替換分析法是順序用各項因素的實際數替換基數，借以計算各項因素影響程度的一種分析方法。

5. 成本分析

（1）成本報表的分析。

①全部產品成本計劃完成情況的分析。全部產品成本計劃完成情況的分析，是按照產品類別和成本項目分別進行。通過分析，查明全部產品和各種產品成本計劃的完成情況；查明全部產品總成本中，各個成本項目的成本計劃完成情況，同時還應找出成本超支或降低幅度較大的產品和成本項目，為進一步分析指明方向。

②主要產品成本計劃完成情況的分析。企業主要產品是指分析期正常生產、大量生產的產品，主要產品的產量、消耗、成本、收入、利潤等都在企業全部產品中占很大比重，是產品成本分析的重點。企業主要產品一般在上年生產過，通常有上年成本資料可以比較，因此，也稱為可比產品。在企業產品成本計劃中，除了規定主要產品的計劃單位成本和計劃總成本以外，還規定了與上年比較的成本降低任務，即可比產品計劃成

本降低額和降低率。因此，主要產品成本計劃完成情況的分析，重點是主要產品成本降低任務完成情況的分析。分析主要產品成本降低任務的完成情況，根據因素分析法的原理，首先要確定分析對象，其次要確定影響成本降低任務完成的主要因素，最后要計算出各個因素變動對成本降低任務完成情況的影響程度。

③產品單位成本計劃完成情況的分析。產品單位成本計劃完成情況的分析，重點分析兩類產品：一是單位成本升降幅度較大的產品；二是在企業全部產品中所占比重較大的產品。在這兩類產品中，又應重點分析升降幅度較大的和所占比重較大的成本項目。產品單位成本計劃完成情況的分析，依據的是有關成本報表資料和成本計劃資料，分析的方法是先運用比較分析法，查明產品單位成本計劃的完成情況，即進行一般分析；再運用因素分析法，查明各個成本項目成本升降的具體原因，即進行因素分析。

④製造費用預算執行情況的分析。主要運用比較分析法對本年實際費用與預算費用進行分析。分析的內容包括固定費用和變動費用、重點費用項目、費用項目的構成比例。

（2）車間班組成本分析。

①車間成本分析。對車間成本計劃的執行情況及其結果的分析，稱為車間成本分析。企業的產品是由車間生產的，車間是生產費用發生的主要地點，其成本水平的高低，對成本計劃執行的結果影響很大。企業車間成本分析主要包括如下幾個方面的內容：一是考核各車間成本計劃的執行結果；二是分析影響車間成本計劃的因素及其原因；三是分清各車間的經濟責任；四是提出改進的措施。

②班組成本分析。班組成本分析是對生產班組的生產經營活動進行記錄，從而計算出成本升降的數額並分析其產生的原因及過程。班組成本分析的內容應根據班組的特點和經濟核算的特點進行，主要對班組能控制的生產消耗因素進行分析，有的班組還可以對其所生產的產品成本進行分析。

三、同步訓練

(一) 單項選擇題

1. 下列各項中，關於成本報表性質的表述，正確的是（　　）。
    A. 對內報表
    B. 對外報表
    C. 既是對內報表，又是對外報表
    D. 對內或對外，由企業自行決定
2. 下列各項中，不屬於成本報表的是（　　）。
    A. 現金流量表　　　　B. 製造費用明細表
    C. 全部產品生產成本表　D. 主要產品單位成本表
3. 下列各項中，關於企業成本報表的種類、項目、格式和編製方法的表述，正確的是（　　）。
    A. 由國家統一規定
    B. 由企業自行制定
    C. 由企業主管部門統一規定
    D. 由企業主管部門與企業共同制定
4. 下列各項中，屬於成本管理中的成本分析是（　　）。
    A. 事前的成本分析　B. 事中的成本分析
    C. 事后的成本分析　D. 成本的總括分析
5. 下列各項中，屬於根據實際成本指標與不同時期的指標對比來揭示差異，分析差異產生原因的方法是（　　）。
    A. 對比分析法　　B. 差量分析法
    C. 因素分析法　　D. 相關分析法
6. 下列各項中，屬於用本企業與國內外同行業之間的成本指標進行對比分析的方法是（　　）。
    A. 全面分析　　　B. 重點分析
    C. 縱向分析　　　D. 橫向分析

7. 下列各項中，在主要產品單位成本表中，不需要反應的指標是（　　）。

  A. 本月實際單位成本　　B. 本月實際總成本
  C. 上年實際平均單位成本　D. 本年計劃單位成本

8. 下列各項中，對可比產品成本降低率計劃的完成沒有影響的因素是（　　）。

  A. 產量　　　　　　　　B. 單位成本
  C. 品種結構　　　　　　D. 品種結構和單位成本

9. 下列各項中，屬於產量變動影響產品單位成本表的成本項目是（　　）。

  A. 直接材料項目　　　　B. 直接人工項目
  C. 變動性製造費用　　　D. 固定性製造費用

10. 在進行可比產品成本降低任務完成情況分析時，下列關於產品品種構成變動引起變動的表述中，正確的是（　　）。

  A. 不影響成本降低率
  B. 不影響成本降低額
  C. 既影響成本降低額，也影響成本降低率
  D. 既不影響成本降低額，也不影響成本降低率

（二）多項選擇題

1. 下列各項中，屬於製造企業成本報表的有（　　）。

  A. 製造費用明細表　　　B. 主要產品單位成本表
  C. 全部產品生產成本表　D. 各種期間費用明細表

2. 下列各項中，屬於主要產品單位成本表反應的單位成本的項目有（　　）。

  A. 本月實際　　　　　　B. 歷史先進水平
  C. 本年計劃　　　　　　D. 同行業同類產品實際

3. 在生產多品種情況下，下列各項中，影響可比產品成本降低額變動的因素有（　　）。

  A. 產品產量　　　　　　B. 產品單位成本
  C. 產品價格　　　　　　D. 產品品種結構

4. 下列各項中，屬於編製成本報表的基本要求有（　　）。
  A. 數字準確　　　　B. 格式統一
  C. 內容完整　　　　D. 編報及時

5. 下列各項中，屬於在全部產品成本表中反應的指標有（　　）。
  A. 全部產品的總成本　B. 全部產品的單位成本
  C. 主要產品的總成本　D. 主要產品的單位成本

6. 下列各項中，企業編製成本報表時，還要編製的其他成本報表有（　　）。
  A. 製造費用明細表　　B. 財務費用明細表
  C. 管理費用明細表　　D. 營業費用明細表

7. 下列各項中，屬於在實際工作中通常採用的成本分析方法有（　　）。
  A. 比較分析法　　　　B. 交互分析法
  C. 約當產量分析法　　D. 因素分析法

8. 下列各項中，在進行全部產品成本計劃完成情況分析時，需要計算的指標有（　　）。
  A. 全部產品成本降低額　B. 全部產品成本降低率
  C. 可比產品成本降低額　D. 可比產品成本降低率

9. 下列各項中，屬於影響可比產品成本降低率變動的因素有（　　）。
  A. 產品產量　　　　　B. 產品品種構成
  C. 產品價格　　　　　D. 產品單位成本

10. 下列各項中，屬於影響產品單位成本中直接材料費用變動的因素有（　　）。
  A. 產品生產總量　　　B. 材料總成本
  C. 單位產品材料消耗量　D. 單位材料的價格

(三) 判斷題

1. 全部產品生產成本表是反應企業在報告期內生產的全部產品的總成本的報表。（   ）

2. 企業編製的成本報表一般不對外公布，所以，成本報表的種類、項目和編製方法可以由企業自行確定。（   ）

3. 企業編製的所有成本報表中，全部產品生產成本表是最主要的報表。（   ）

4. 利用全部產品生產成本表可以計算出可比產品和不可比產品成本的各種總成本與單位成本。（   ）

5.「主要產品單位成本表」中的一些數字，可以在全部產品生產成本表中找到。（   ）

6. 成本報表一般只向企業經營管理者提供信息。（   ）

7. 編製成本報表時，會計處理方法應當前後各期保持一致。
（   ）

8. 為保持一致性，同一企業不同時期應該始終編製相同的成本報表。（   ）

9. 採用因素分析法進行成本分析時，各因素變動對經濟指標影響程度的數額相加，應與該項經濟指標實際數和基數的差額相等。（   ）

10. 在進行可比產品成本降低任務完成情況的分析時，產品產量因素的變動，只影響成本降低額，不影響成本降低率。
（   ）

11. 在進行單位產品計劃完成情況的分析時，只能採用因素分析法。（   ）

12. 影響可比產品成本降低額指標變動的因素有產品產量和產品單位成本。（   ）

(四) 計算題

1. 星星公司生產 A、B、C 三種產品，其中 A 產品和 B 產品為主要產品，C 產品為次要產品。2014 年有關產量、成本資

料見表 6-1。

表 6-1　　　　　　　　　產量、成本資料

2014 年度

項目		A 產品	B 產品	C 產品
產品產量（件）	本年計劃	2,160	1,008	960
	本年實際	2,500	1,000	1,000
單位成本（元）	上年實際平均	600	500	
	本年計劃	582	490	555
	本年實際平均	579	491	530

要求：不考慮其他因素，根據上述資料，編製按產品品種類別反應的產品生產成本表（見表 6-2）。

表 6-2　　產品生產成本表（按產品品種類別編製）

編製單位：星星公司　　　　　2014 年度　　　　　　單位：元

產品	計量單位	產量		單位成本			總成本		本年實際
		本年計劃	本年實際	上年實際平均	本年計劃	本年累計實際平均	按上年實際單位成本計算	按本年實際單位成本計算	
主要產品 A 產品 B 產品									
次要產品 C 產品									
合計									

2. 東方公司 2014 年 12 月份的成本資料見表 6-3。

表 6-3　　產品生產成本表（按產品品種類別編製）

2014 年 12 月　　　　　　　　　單位：元

產品	計量單位	產量		單位成本			總成本		
		本年計劃	本年實際	上年實際平均	本年計劃	本年累計實際平均	按上年實際單位成本計算	按本年實際單位成本計算	本年實際
主要產品							2,000,000	1,945,000	1,938,500
甲產品	件	2,160	2,500	600	582	579	1,500,000	1,455,000	1,447,500
乙產品	件	1,008	1,000	500	490	491	500,000	490,000	491,000
非主要產品									
丙產品	件	960	1,000		555	530		555,000	530,000
合計								2,500,000	2,468,500

要求：不考慮其他因素，對可比產品降低情況進行總括分析和因素分析。

（五）思考題

1. 什麼是成本報表？為什麼要編製成本報表？
2. 製造企業包括哪些成本報表？成本報表的編製有什麼要求？
3. 什麼是成本分析？成本分析的意義是什麼？
4. 什麼是比較分析法？不同的對比基數分析的側重點是什麼？
5. 什麼是因素分析法？採用此方法應注意什麼問題？

四、同步訓練答案

（一）單項選擇題

1. A　　2. A　　3. B　　4. C　　5. A　　6. D
7. B　　8. A　　9. D　　10. C

(二) 多項選擇題

1. ABCD　2ABC　3. ABD　4. ACD　5. ABCD
6. ABCD　7. AD　8. AB　9. BD　10. CD

(三) 判斷題

1. ×　2. √　3. ×　4. √　5. √　6. √
7. √　8. ×　9. √　10. √　11. ×　12. ×

(四) 計算題

1.

表 6-4　　產品生產成本表（按產品品種類別編製）

編製單位：星星公司　　　　2014 年度　　　　　　單位：元

產品	計量單位	產量		單位成本			總成本		
		本年計劃	本年實際	上年實際平均	本年計劃	本年累計實際平均	按上年實際單位成本計算	按本年實際單位成本計算	本年實際
主要產品									
A 產品	件	2,160	2,500	600	582	579	2,000,000	1,945,000	1,938,500
B 產品	件	1,008	1,000	500	490	491	1,500,000	1,455,000	1,447,500
次要產品									
C 產品	件	960	1,000		555	530		555,000	530,000
合計								2,500,000	2,468,500

2.

表 6-5　　可比產品成本降低情況的總括分析
2014 年度

項　目	成本降低額(元)	成本降低率(%)
1. 計劃數		
甲產品	38,880	3
乙產品	10,080	2

表6-5(續)

項 目	成本降低額(元)	成本降低率(%)
合計	48,960	2.72
2. 實際數		
甲產品	52,500	3.5
乙產品	9,000	1.8
合計	61,500	3.075
3. 差異數（分析對象）		
甲產品	13,620	+0.5
乙產品	-1,080	-0.2
合計	12,540	+0.355

表 6-6　　可比產品成本降低情況的因素分析
2014 年度

影響因素	對成本降低額的影響(元)	對成本降低率的影響(%)
產品單位成本	6,500	0.325
產品品種結構	600	0.03
產品產量	5,440	
合　計	12,540	0.355

（五）思考題

答案（略）。

第七章 成本預測與決策

一、學習目的

通過本章學習，主要達到以下目的：
1. 瞭解成本預測與決策的定義、原則和程序；
2. 掌握與運用成本預測與決策中各種定性、定量預測的具體方法；
3. 理解目標成本、定額成本、計劃成本三者之間的關係；
4. 瞭解成本預測與成本決策之間的關係。

二、重點和難點

（一）成本預測概述

1. 成本預測的概念

成本預測是指人們根據事先的調查研究及分析，對未來未知和不確定的成本開支情況所做出的符合客觀發展規律的預計。就企業而言，成本預測主要是指在產品設計、生產之前對其成本水平所做的估算。成本預測的內容涉及產品設計、生產技術生產組織及經營管理等方面。

2. 成本預測的作用

成本預測是成本管理的一個關鍵環節，是成本決策的可靠依據，具體表現為以下幾個方面：

（1）搞好企業成本預測，可以為企業成本決策提供足夠多的可供選擇的各種方案，從而保證企業成本決策的正確性；

（2）做好企業成本預測，可以為編製企業成本計劃提供正確的依據，從而保證企業成本計劃的正確性；

（3）做好企業成本預測，可以為企業成本控制和分析、考評提供正確的依據，從而保證企業成本控制的合理性和企業成本分析、考評的正確性。

3. 成本預測的原則

（1）充分性原則；

（2）相關性原則；

（3）時間性原則；

（4）客觀性原則；

（5）可變性原則；

（6）效益性原則。

4. 成本預測的內容

成本預測的內容涉及宏觀經濟和微觀經濟兩個方面。

（1）宏觀經濟的成本預測，是為整個國民經濟決策和計劃服務的。它主要研究某部門（行業）、某類產品社會平均成本水平及其變動趨勢，為國家制定價格政策、掌握社會生產各部門經濟效益情況、進行國民經濟產業結構調整以及重大投資項目的可行性研究提供依據。

（2）微觀經濟的成本預測，即企業成本預測，是為企業經營決策和計劃管理服務的。在企業經營管理中，凡是與資金耗費有關的生產經營活動，都存在成本預測問題。

本書只限於討論企業成本預測，概括起來，包括下述兩方面內容：

（1）生產經營規劃中的長期成本預測；

（2）生產過程中的短期成本預測。

5. 成本預測的一般程序

（1）因素分析。開展成本預測，首先必須掌握預測對象的特徵和要求。

（2）資料收集。按照因素分析的結果，收集並整理用於成本預測的各種成本信息，研究所收集的成本信息所反應的成本變動規律，大致判定所應採用的成本預測方法和所應建立的成本預測模型的類型。

（3）建立模型。

（4）計算成本預測值。

（5）定性預測與預測值修正。

6. 成本預測的資料依據

成本預測值的可靠性，在很大程度上取決於所依據資料的真實性和代表性。在企業成本預測中所需收集的資料，主要包括：

（1）投資項目的投資總額、投資回收期及各年的現金淨流量；

（2）投資項目的主要功能或生產能力；

（3）投資項目的外部經濟條件；

（4）投資項目的技術程度和一般耗費水平；

（5）企業外部供銷條件的變化；

（6）同類產品成本國內外先進水平；

（7）企業歷年各類產品產量；

（8）企業歷史產品總成本及單位成本水平；

（9）各類產品材料、燃料、動力及生產工時消耗定額；

（10）生產工人定員及歷年生產工人工資支付數額；

（11）管理費用預算及歷年執行情況；

（12）各類產品的廢品損失率；

（13）預測期企業內部可能採取的技術改造、產品更新方案以及成本管理措施對產品產量、質量、消耗、管理費用等方面產生的影響情況。

(二) 成本預測的方法

1. 定性預測法

成本的定性預測是成本管理人員根據專業知識和實踐經驗，對產品成本的發展趨勢性質，以及可能達到的水平所做的分析和推斷。由於定性預測主要依靠管理人員的素質和判斷能力，因而，這種方法必須建立在對企業成本耗費歷史資料、現狀及影響因素深刻瞭解的基礎之上。常用的定性預測方法有調查研究判斷法、主觀概率法和類推法。

2. 定量預測法

定量預測方法是利用歷史成本統計資料以及成本與影響因素之間的數量關係，通過一定的數學模型來推測，計算未來成本的可能結果。成本的定量預測法需以一定的數學模型為基礎。所謂數學模型，是指在某些假定條件下，將影響經濟活動變化的、相互制約、相互依存的幾個主要因素，按一定的數量關係結合起來，借以描述某種經濟活動變化規律的一組數學關係式。常用的方法有因果關係成本預測模型（包括一元線性迴歸模型、二元線性迴歸模型、多元線性迴歸模型及非線性迴歸模型）、時間關係預測模型（包括移動平均法、指數平滑法）和結構關係成本預測模型（投入產出分析模型、經濟計量模型）、本量利預測方法。

3. 定性與定量成本預測方法的結合應用

即使在定量預測方法和計算手段漸趨成熟與先進的條件下，定性預測方法及其與定量預測方法的結合應用，也是提高成本預測可靠性的重要方面。如何將定性預測和定量預測方法更好地結合起來，一般要考慮下述情況：

(1) 影響成本變動因素的穩定性和可量化性；
(2) 預測期的長短；
(3) 成本統計資料的完整性與可靠程度；
(4) 預測模型類型的選擇；
(5) 預測結果的檢驗與修正；

（6）管理人員的專業水平和實踐經驗。

（三）目標成本、定額成本、計劃成本與預測成本

目標成本、定額成本、計劃成本與預測成本都是用於成本事前控制的成本管理指標，它們之間有著一定的內在聯繫，但在理論概念、編製依據、計算方法以及所起的作用等方面又有所區別。

1. 目標成本及其測定方法

目標成本是為實現未來一定時期的生產經營目標所規劃的企業成本水平，是企業從事生產經營活動在成本管理方面所建立的奮鬥目標。就某一產品而言，目標成本也是生產該種產品所預定達到一種先進的成本水平。目標成本是企業目標管理的構成內容之一，對於實現企業總體生產經營目標有著重要的作用。

實際上，目標成本反應了管理者的一種主觀願望，即管理者在全面綜合分析企業的生產經營能力、外部條件、發展趨勢和企業其他有關方面要求的基礎上，對企業成本的一種期望值。目標成本一般用於企業設計新產品，投資項目或企業經過重大技術改造措施后對成本水平的測算。對於正常生產的企業，也可以將一定時期的目標成本通過層層分解，下達到各級生產經營單位，作為降低成本的努力方向。

目標成本的測算方法主要有以下兩種：

（1）因素測算法。因素測算法是依據既定的產品銷售價格，預計的期間費用水平和目標銷售利潤額（或銷售利潤率）推算目標成本的方法。

（2）量本利預測法。量本利預測法是依據成本性態及其與目標利潤之間關係的原理，測算目標成本的方法。

2. 定額成本及其測定方法

定額成本是對某一產品設計方案或在採取某項技術改造措施后，按產品生產的各種現行消耗定額和當期正常費用預算編製的成本限額。

定額成本的顯著特徵是：其水平直接受到企業現有技術經濟水平和生產條件的制約，並隨企業技術經濟狀況和生產條件的變更而變動。而且，定額成本的意義並不只在於某產品的成本水平，而是確定構成該產品的所有零部件，不同的生產加工工序以及各項耗費的定額標準，以用於產品生產過程中各項耗費發生的控制。因而，定額成本包括產品零件定額成本、部件定額成本、工序定額成本、半成品定額成本、在產品定額成本以及某成本項目定額成本等。

定額成本的制定主要是按產品生產工藝過程和各成本項目逐個逐項測算的。具體方法有以下兩種：

（1）按產品生產工藝過程分解法。這種方法是按產品工藝加工過程和產品結構，分成本項目分解計算在各工序上加工產品的定額成本，再按產品結構匯總為產品定額成本。運用這種方法制定定額成本較為準確，但計算過程也較為複雜，適合於構成的零部件和加工工序較少的產品採用。

（2）按成本項目分解法。這種方法是按產品品種分成本項目制定定額成本，再將產品定額成本按產品工藝加工過程和產品結構，分解為各零部件的定額成本。通常採用的分解標準是產品各零部件的材料定額消耗比例和工時定額消耗比例。運用這種方法較為簡便，但各零部件定額成本也較為粗略（因不是逐項測定消耗定額），適合於產品種類較多、零部件構成和加工工序較為複雜的企業採用。

3. 目標成本、定額成本、計劃成本與預測成本的關係

目標成本、定額成本、計劃成本與預測成本作為成本事前控制的成本管理指標，都是著眼於未來時期生產經營活動中的資金耗費，離不開憑藉企業過去和現在的有關技術、經濟資料和成本信息，判斷或限定今後生產經營活動中成本發展狀態和可能結果。但是它們之間是有所區別的，表現在以下幾個方面：

（1）制定的依據不同；

（2）制定方法不同；

（3）作用不同。

上述各成本概念之間的關係，如圖7-1所示。

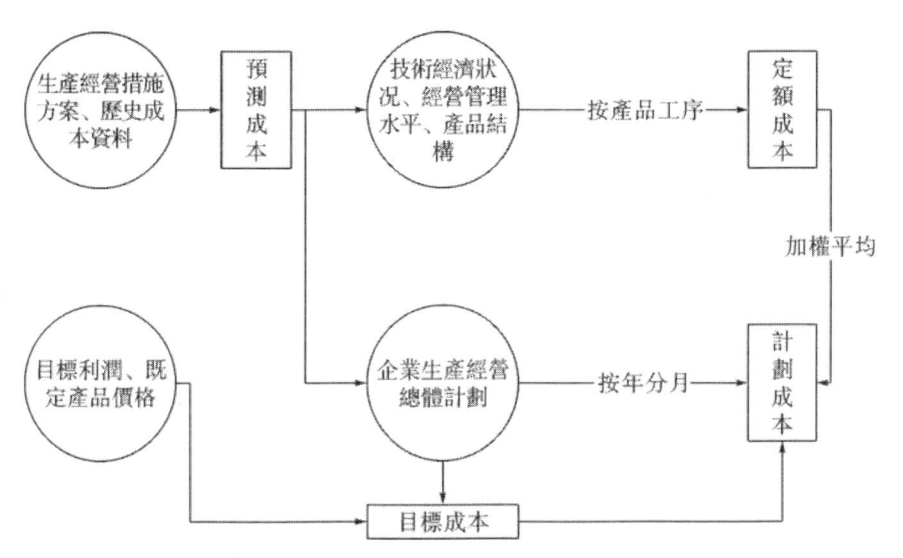

圖7-1　預測成本與目標成本、定額成本、計劃成本的關係

（四）成本決策概述

1. 成本決策的概念

成本決策是指為了實現成本管理的預定目標，通過大量的調查預測，根據有用的信息和可靠的數據，並充分考慮客觀的可能性，在進行正確的計算與判斷的基礎上，從各種形成成本的備選方案中選定一個最佳方案的管理活動。

2. 企業成本決策的意義

（1）企業成本決策是目標利潤實現的保證；
（2）企業成本決策是成本計劃工作的前提條件；
（3）企業成本決策是其他經營決策的重要依據；
（4）企業成本決策是企業提高管理水平的手段；
（5）企業成本決策是企業進行成本控制的依據。

3. 成本決策的原則

（1）整體性原則；
（2）人本性原則；
（3）相對性原則；

（4）最優化原則。

4. 成本決策的內容

成本決策作為對未來資金耗費與所獲效益關係的評價與研究，與成本預測密切相關。概括起來，其內容涉及生產經營規劃與生產經營過程兩個方面。

（1）生產經營規劃中的成本決策。在企業生產經營規劃中，為了從成本角度對各種生產經營方案做出評價和選擇，需要在下述各方面做好成本決策工作。①投資項目可行性研究中的成本決策；②產品設計與改造成本決策；③生產組織成本決策。

（2）生產過程中的成本決策。在產品生產過程中，為了有效地控制各種勞動耗費，需要隨時針對生產過程中影響成本水平發生變動的各種技術經濟因素以及在生產經營管理中所出現的各種問題，研究調節措施，以降低成本水平，提高效益為目的做出成本決策。①成本降低決策；②成本目標動態決策。

5. 成本決策的構成要素及類型

（1）成本決策的基本構成要素。任何一個決策問題，都必須掌握三個基本要素：①決策的目標；②所選擇的方案在實施過程中可能出現的狀態；③當採用某一方案在出現某種狀態下，該項決策的后果。目標、狀態和效益（后果）是決策的三個基本要素。

（2）成本決策的類型。成本決策有下述幾種主要類型：①上層決策與基層決策；②戰略性與經營性成本決策；③定量與定性成本決策；④經常性與一次性成本決策；⑤確定性與不確定性成本決策；⑥靜態與動態成本決策。

6. 成本決策的程序

決策過程一般有三個步驟：①確認問題的性質，建立決策目標；②分析決策變量和狀態變量的取值及其確定程度，擬訂各種可行方案；③計算或推斷各種方案在一定狀態下的效益，通過比較，從中擇優。

（1）決策目標的建立。從成本決策的總體目標上看，成本決策就是要求所處理的生產經營問題中，資金耗費水平達到最

低，相應取得的效益最大。具體在某一經營問題中，成本決策的目標可以採取多種不同形式。建立成本決策目標的原則是：①分析決策問題的性質；②分析所建立的成本決策目標；③適當選擇成本決策目標的約束條件；④決策目標必須具體明確。

（2）決策方案的擬訂。進行決策，必須擬訂多個可行方案，才能從中比較擇優。方案必須合理有效。所謂「合理有效」包含兩個原則：①保持方案的全面性和完整性，盡可能避免遺漏可能存在的優化方案；②要滿足各方案之間的互斥性，如果方案之間相互包容，則方案的比較和選擇將失去意義。一個成功的決策應當有一定數量和質量的可行性方案作為保證。

（3）決策方案的選擇。在決策方案的選擇中，首先要建立評價方案的標準；其次要考慮選擇方案的具體方法。①成本決策方案的評價標準；②成本決策方案的選擇方法。

無論採用何種選擇方案的方法，都應遵循下述原則：①重視方案之間的差異性，相互趨同的方案將失去選擇的意義；②兼顧實施方案的措施，次優方案若能迅速得以實施見效，比難以實施的最優方案要現實可行；③認識資料的可靠程度，資料的失實或片面，必將導致決策失誤；④進行敏感性分析，以把握當某種狀態變量發生多大程度的變動時，足以影響對方案選擇的判斷；⑤充分考慮方案的后果，從多方面相互制約的關係中，判斷方案的優劣。

(五) 決策中的成本概念

成本決策備選方案之間進行選擇時不可避免地要考慮到成本，決策分析時所涉及的成本概念並非總是一般意義的成本概念，而是一些特殊的成本概念。

1. 差量成本

廣義的差量成本是指決策各備選方案兩者之間預測成本的差異數；狹義的差量成本（也稱為增量成本）是指不同產量水平下所形成的成本差異。這種差異是由於生產能力利用程度的不同而形成的。

2. 邊際成本

邊際成本是指產品成本對業務量（產量或銷售量等）無限小變化的變動部分。

3. 付現成本

付現成本是指由於某項決策而引起的需要在當時或最近期間用現金支付的成本。在短期決策中，付現成本主要是指直接材料、直接人工和變動製造費用，特別是訂貨支付的現金。

4. 沉沒成本

沉沒成本是指由過去的決策行為決定的並已經支付過款項，不能為現在決策所改變的成本。

5. 歷史成本

歷史成本是指根據實際已經發生的支出而計算的成本。

6. 重置成本

重置成本是指當前從市場上取得同一資產時所需支付的成本。

7. 機會成本

機會成本是指決策時由於選擇某一方案而放棄另一方案所放棄的潛在利益。

8. 假計成本

假計成本是指對決策方案的機會成本難以準確計量而假計、估算的結果。假計成本也就是機會成本的特殊形態。

9. 可避免成本

可避免成本是指決策者的決策行為可以改變其發生額的成本。

10. 不可避免成本

不可避免成本是指決策者的決策行為不可改變其發生額，與特定決策方案沒有直接聯繫的成本。

11. 專屬成本

專屬成本是指可以明確歸屬某種（類或批）或某個部門的成本。

12. 共同成本

共同成本是指應由幾種（類或批）或幾個部門共同分攤的成本。例如，某種設備生產三種產品，那麼該設備的折舊就是這三種產品的共同成本。

以上成本概念中，按它們與決策分析的關係，可以劃分為相關成本與無關成本。相關成本是指與決策相關聯，決策分析時必須認真加以考慮的未來成本。相關成本通常隨決策產生而產生，隨決策改變而改變。並且這類成本都是目前尚未發生或支付的成本，但從根本上影響著決策方案的取捨。屬於相關成本的有差量成本、邊際成本、機會成本、假計成本、付現成本、重置成本、專屬成本和可避免成本等。無關成本是指已經發生、或雖未發生，但與決策不相關聯，決策分析時也無須考慮的成本。這類成本不隨決策產生而產生，也不隨決策改變而改變，對決策方案不具影響力。屬於無關成本的有歷史成本、沉沒成本、共同成本和不可避免成本等。相關成本與無關成本的準確劃分對決策分析至關重要。決策分析時，總是將決策備選方案的相關收入與其相關成本進行對比，來確定其獲利性。

（六）成本決策方法

成本決策的方法很多，因成本決策的內容及目的不同而採用的方法也不同，常用的主要有總額分析法、差量損益分析法、相關成本分析法、成本無差別點法、線性規劃法、邊際分析法等。

1. 總額分析法

總額分析法以利潤作為最終的評價指標，按照銷售收入-變動成本-固定成本的模式計算利潤，由此決定方案取捨的一種決策方法。之所以稱為總額分析法，是因為決策中涉及的收入和成本是指各方案的總收入和總成本。這裡的總成本通常不考慮它們與決策的關係，不需要區分相關成本與無關成本。這種方法一般通過編製總額分析表進行決策。

此方法便於理解，但由於將一些與決策無關的成本也加以

考慮，計算中容易出錯，從而會導致決策的失誤，因此決策中不常使用。

2. 差量損益分析法

所謂差量是指兩個不同方案的差異額。差量損益分析法是以差量損益作為最終的評價指標，由差量損益決定方案取捨的一種決策方法。計算的差量損益如果大於零，則前一方案優於後一方案，接受前一方案；如果差量損益小於零，則後一方案為優，捨棄前一方案。

差量損益這一概念常常與差量收入、差量成本兩個概念密切相連。所謂差量收入是指兩個不同備選方案預期相關收入的差異額；差量成本是指兩個不同備選方案的預期相關成本之差；差量損益是指兩個不同備選方案的預期相關損益之差。某方案的相關損益等於該方案的相關收入減去該方案的相關成本。

差量成本以及差量損益必須堅持相關性原則，凡與決策無關的收入、成本、損益均應予以剔除。

差量損益的計算有兩個途徑：一是依據定義計算，二是用差量收入減去差量成本計算。決策中多採用後一方式計算求得。差量損益分析法適用於同時涉及成本和收入的兩個不同方案的決策分析，常常通過編製差量損益分析表進行分析評價。

決策中須注意的問題是，如果決策中的相關成本只有變動成本，在這種情況下，可以直接比較兩個不同方案的貢獻邊際，貢獻邊際最大者為最優方案。

3. 相關成本分析法

相關成本分析法是以相關成本作為最終的評價指標，由相關成本決定方案取捨的一種決策方法。相關成本越小，說明企業所費成本越低，因此決策時應選擇相關成本最低的方案為優選方案。

相關成本分析法適用於只涉及成本的方案決策，如果不同方案的收入相等，也可以視為此類問題的決策。這種方法可以通過編製相關成本分析表進行分析評價。

4. 成本無差別點法

成本無差別點法是以成本無差別點業務量作為最終的評價指標，根據成本無差別點所確定的業務量範圍來決定方案取捨的一種決策方法。這種方法適用於只涉及成本而且業務量未知的方案決策。

成本無差別業務量又稱為成本分界點，是指兩個不同備選方案總成本相等時的業務量。

如果業務量 X 的取值範圍在 $0<X<X_0$ 時，則應選擇固定成本較小的 Y_2 方案；如果業務量在 $X>X_0$ 的區域變動時，則應選擇固定成本較大的 Y_1 方案；如果 $X=X_0$，說明兩方案的成本相同，決策中選用其中之一即可。

應用此方法值得注意的是，如果備選方案超過兩個以上方案進行決策時，應首先兩兩方案確定成本無差別點業務量，然後通過比較進行評價，比較時最好根據已知資料先做圖，這樣可以直觀地進行判斷，不容易失誤。因為圖中至少有一個成本無差別點業務量沒有意義，通過作圖，可以剔除不需用的點，在此基礎上再進行綜合判斷分析。

5. 線性規劃法

線性規劃法是數學中的線性規劃原理在成本決策中的應用，此方法是依據所建立的約束條件及目標函數進行分析評價的一種決策方法。其目的在於利用有限的資源，解決具有線性關係的組合規劃問題。基本程序如下：

（1）確定約束條件。即確定反應各項資源限制情況的系列不等式。

（2）確定目標函數。它是反應目標極大或極小的方程。

（3）確定可能極值點。為滿足約束條件的兩方程的交點，常常通過圖示進行直觀反應。

（4）進行決策。將可能極值點分別代入目標函數，使目標函數最優的極值點為最優方案。

6. 邊際分析法

邊際分析法是微分極值原理在成本決策中的應用，此方法

是依據微分求導結果進行分析評價的一種決策方法。主要用於成本最小化或利潤最大化等問題的決策。

7. 投資回收期法

投資回收期又稱投資償還期，是對投資項目進行經濟評價常用的方法之一。它是對一個項目償還全部投資所需的時間進行粗略估算。在確定投資回收期時應以現金淨流量作為年償還金額。這一方法是以重新收回某項投資項目金額所需的時間長短來作為判斷方案是否可行的依據，一般說來，投資回收期越短，表明該項投資項目的效果越好，所冒的風險也越小。投資回收期計算的基本公式為：

$$投資回收期 = \frac{原投資總額}{每年相等的現金淨流量}$$

如果每年的現金淨流量不等時，其投資回收期則可按各年年末累計現金淨流量進行計算。

8. 淨現值法

淨現值法是把與某投資項目有關的現金流入量都按現值系數折現成現值，然後同原始投資額比較，求得淨現值的一種方法。其計算公式為：

$$NPV = \sum_{t=m+1}^{n} \frac{NCF_t}{(1+k)^t} - \sum_{t=0}^{m} \frac{I_t}{(1+k)^t}$$

式中：NPV 代表淨現值；

　　　NCF_t 代表第 t 年稅后淨現金流量；

　　　k 代表折現率(資本成本或投資者要求收益率)；

　　　I_t 代表第 t 期投資額；

　　　n 代表項目計算期(包括建設期和經營期)；

　　　m 代表項目的投資期限。

如果得到的淨現值是正值，說明該投資項目所得大於所失，該投資項目為可行；反之，如果得到的淨現值為負數，說明該投資項目所得小於所失，即發生了投資虧損，投資項目不可行。

三、同步訓練

(一) 單項選擇題

1. 下列各種成本預測方法中，沒有考慮遠近期成本對未來成本產生影響的方法是（　　）。

 A. 移動平均法　　　　B. 經濟計量模型
 C. 指數平滑法　　　　D. 投入產出分析模型

2. 某企業每月固定成本 2,000 元，單價 20 元，計劃銷售產品 500 件，欲實現目標利潤 1,000 元，其單位變動成本為（　　）元。

 A. 12　　　　　　　　B. 13
 C. 14　　　　　　　　D. 15

3. 下列各項中，屬於定量預測法的是（　　）。

 A. 調查研究判斷法　　B. 迴歸預測法
 C. 主觀概率法　　　　D. 類推法

4. 已知某產品的單位變動成本為 10 元，固定成本為 15,000 元，銷售量為 5,000 件，目標利潤為 5,000 元，則實現目標利潤的單價為（　　）元。

 A. 6　　　　　　　　B. 11
 C. 13　　　　　　　D. 14

5. 某產品單位變動成本 10 元，計劃銷售 1,000 件，每件售價 15 元，欲實現利潤 800 元，固定成本應控制的水平是（　　）元。

 A. 5,000　　　　　　B. 4,800
 C. 5,800　　　　　　D. 4,200

6. 下列各項中，在經濟決策中應由中選的最優方案負擔的、按所放棄的次優方案潛在收益計算的資源損失是（　　）。

 A. 增量成本　　　　　B. 加工成本
 C. 機會成本　　　　　D. 專屬成本

7. 下列各項中，屬於兩方案成本無差別點業務量的是（　　）。
   A. 標準成本相等的業務量　B. 變動成本相等的業務量
   C. 固定成本相等的業務量　D. 總成本相等的業務量

8. 某企業投資 50 萬元購入一臺設備，預計投產后每年可獲利 5 萬元，固定資產折舊額為 3 萬元，則投資回收期為（　　）年。
   A. 6.5　　　　　　　　　　B. 10
   C. 6.25　　　　　　　　　 D. 7

9. 當兩個投資方案為獨立選擇時，下列各項中，應優先選擇的是（　　）。
   A. 淨現值大的方案　　　　B. 項目週期短的方案
   C. 投資額小的方案　　　　D. 現值指數大的方案

10. 下列長期投資決策評價指標中，其數值越小越好的指標是（　　）。
    A. 淨現值　　　　　　　　B. 投資回收期
    C. 內部收益率　　　　　　D. 投資報酬率

(二) 多項選擇題

1. 下列各項中，屬於企業確定目標成本時參照的標準有（　　）。
   A. 企業歷史最好成本水平
   B. 同行業同類產品平均成本水平
   C. 某一標杆企業的成本水平
   D. 國內外同類產品的先進成本水平

2. 當企業處於保本狀態時，下列說法正確的有（　　）。
   A. 利潤為零　　　　　　　B. 貢獻毛益等於固定成本
   C. 銷售收入等於銷售成本　D. 固定成本等於目標利潤

3. 下列關於邊際貢獻總額的計算公式中，正確的有（　　）。
   A. 邊際貢獻＝固定成本＋利潤

B. 邊際貢獻＝銷售收入－固定成本

C. 邊際貢獻＝銷售收入－變動成本

D. 邊際貢獻＝（銷售價格－單位變動成本）×銷售數量

4. 下列各項中，屬於影響產品邊際貢獻的因素有（　　）。

  A. 產品售價　　　　B. 利息費用

  C. 產品銷售量　　　D. 單位變動成本

5. 某企業生產一種產品，單價 8 元，單位變動成本 6 元，固定成本 2,000 元，預計產銷量為 2,000 件，若想實現利潤 3,000 元，可採取的措施有（　　）。

  A. 固定成本降低 1,000 元

  B. 單價提高到 8.5 元

  C. 單位變動成本降低到 8.5 元

  D. 銷量提高到 2,500 件

6. 下列各項中，屬於無關成本的範圍有（　　）。

  A. 沉沒成本　　　　B. 機會成本

  C. 聯合成本　　　　D. 專屬成本

7. 下列各項中，屬於短期成本決策分析的內容有（　　）。

  A. 差量分析法　　　B. 總量分析法

  C. 相關成本分析法　D. 戰略決策分析

8. 下列各項中，屬於生產經營相關成本的有（　　）。

  A. 增量成本　　　　B. 機會成本

  C. 專屬成本　　　　D. 沉沒成本

9. 下列各項中，未考慮貨幣時間價值的決策方法有（　　）。

  A. 投資利潤率法　　B. 內涵報酬率法

  C. 投資回收期法　　D. 現值指數法

10. 下列各項中，屬於更新改造固定資產項目現金流出量內容的有（　　）。

  A. 購置新固定資產的投資

B. 新舊固定資產回收額的差額
C. 因使用新固定資產節約的經營成本
D. 因使用新固定資產增加的流動資金投資

(三) 判斷題

1. 定性預測法與定量預測法在實際應用中是相互排斥的。
（　　）

2. 成本性態是指產量變動與其相應的成本變動之間的內在聯繫。（　　）

3. 單位產品固定成本隨著產量的增加而相應地減少。
（　　）

4. 成本按習性可分為固定成本、變動成本和半變動成本三類。
（　　）

5. 在成本決策分析過程中，必須考慮一些非計量因素對決策的影響。（　　）

6. 在相關範圍內，邊際成本與單位變動成本相等。（　　）

7. 變動成本與差量成本在內涵和數量上是一致的。（　　）

8. 長期決策僅對一年內的收支盈虧產生影響。（　　）

9. 設備的租金收入大於產品生產所創造的貢獻毛益，可考慮停產將設備出租。（　　）

10. 現值指數大於 1，說明投資方案的報酬率低於資金成本率。（　　）

(四) 計算分析題

1. 某公司 2009 年生產並銷售某產品 8,000 件，單位售價 500 元，固定成本總額 958,000 元，單位變動成本 288 元。公司 2010 年計劃達到目標利潤 900,000 元，不考慮其他因素。
要求：
(1) 計算 2009 年實現的利潤；
(2) 計算為達到目標利潤，各有關因素應分別如何變動。

2. 某企業生產一種機床，最近五年的產量和歷史成本資料

如下：

表 7-1

年份	產量（臺）	產品成本（元）
2007	10	600
2008	20	500
2009	40	300
2010	30	400
2011	50	450

要求：如該企業計劃在 2012 年生產 60 臺機床，用一元線性迴歸分析法預測生產該機床的單位成本和總成本。

3. 某企業生產 A、B 兩種產品，預計明年 A 產品的銷售量為 2,000 件、單價為 40 元，B 產品的銷售量為 3,000 件、單價為 60 元。兩種產品均需繳納 17% 的增值稅，另外還需繳納 7% 的城建稅以及 3% 的教育費附加。據調查，同行業先進的銷售利潤率為 25%，不考慮其他因素。要求預測該企業的目標成本。

4. 某企業生產甲、乙兩種產品，去年兩種產品的銷售利潤率分別為 25%、20%。計算期要求兩種產品的銷售利潤率均增長 3%，預計銷售收入分別為 60 萬元、90 萬元，銷售稅金分別為 6 萬元、9 萬元，不考慮其他因素。要求確定企業總體的目標成本和各產品的目標成本。

5. 某企業只產銷一種產品，2008 年固定成本總額為 50 萬元；實現銷售收入 100 萬元，恰好等於盈虧臨界點銷售額。2009 年企業將目標利潤確定為 20 萬元，預計產品銷售數量、銷售價格和固定成本水平與 2008 年相同，不考慮其他因素。則該企業 2009 年的變動成本率比 2008 年降低多少萬元時，才能使利潤實現。

6. 某企業經營某產品，上年有關資料為：單位售價 100 元，單位直接材料費 25 元，單位直接人工費 15 元，單位變動製造費用 15 元，全年固定製造費用 60,000 元，單位變動性銷售及管理費用 5 元，全年固定性銷售及管理費用 40,000 元，安全邊際率

60%，所得稅稅率 25%，不考慮其他因素。

要求：

（1）計算該產品上年盈虧臨界點銷售量、實際銷售量及稅前利潤；

（2）該企業預計本年度廣告費將增加 20,000 元，單位變動成本及單位變動費用將共降低 10 元，計算為實現稅後目標利潤 120,000 元所需要的銷售量；

（3）該企業計劃期為使稅前銷售利潤率達到 27%，在單位售價可提高 5%的條件下，安全邊際率仍維持 60%不變，產品單位變動成本應降低到多少？

7. 假設某企業只生產銷售一種產品，單價 50 元，邊際貢獻率 40%，每年固定成本 300 萬元，預計來年產銷量 20 萬件，不考慮其他因素，則價格對利潤影響的敏感系數為多少？

8. 某企業大量生產甲、乙兩種產品，預計明年的銷售量及目標銷售利潤見表 7-2。

表 7-2

| 產品 | 售價（元/千克） | 計劃銷售量（千克） | 目標利潤率 | 預計期間稅費率（%） | | | | | 目標銷售利潤（元） | 目標單位成本（元/千克） |
				管理費用	銷售費用	財務費用	價內流轉稅	合計		
甲	80	2,000	20	3	6	1	10	20	20,000	
乙	90	1,000	25	6	12	2	10	30	20,000	
合計		3,000		9	18	3	20	50	40,000	

要求：不考慮其他因素，計算甲產品和乙產品的目標單位成本。

9. 某種產品單位售價 300 元/臺，目標利潤 30,000 元，預計固定成本 30,000 元，預計單位變動成本 120 元/臺，預計期間稅費率 20%，不考慮其他因素。

要求：計算該種產品目標單位成本。

10. 已知：M 企業尚有一定閒置設備臺時，擬用於開發一種新產品，現有 A、B 兩個品種可供選擇。A 品種的單價為 110

元/件，單位變動成本為 60 元/件，單位產品臺時消耗定額為 2 小時/件。此外，還需消耗甲材料，其單耗定額為 5 千克/件。B 品種的單價為 120 元/個，單位變動成本為 40 元/個，單位產品臺時消耗定額為 8 小時/個，甲材料的單耗定額為 2 千克/個。假定甲材料的供應不成問題，不考慮其他因素。

要求：用單位資源貢獻邊際分析法做出開發那種品種的決策，並說明理由。

11. 已知：N 生產企業每年生產 1,000 件甲半成品。其單位完全生產成本為 18 元（其中單位固定製造費用為 2 元），直接出售的價格為 20 元。企業目前已具備將 80% 的甲半成品深加工為乙產成品的能力，但每深加工一件甲半成品需要追加 5 元變動性加工成本。乙產成品的單價為 30 元。假定乙產成品的廢品率為 1%，不考慮其他因素。

要求：請考慮以下不相關的情況，用差別損益分析法為企業做出是否深加工甲半成品的決策，並說明理由。

（1）深加工能力無法轉移；

（2）深加工能力可用於承攬零星加工業務，預計可獲得貢獻邊際 4,000 元；

（3）深加工能力無法轉移，如果追加投入 5,000 元專屬成本，可使深加工能力達到 100%，並使廢品率降低為零。

12. 已知：某企業每年需用 A 零件 2,000 件，原由金工車間組織生產，年總成本為 19,000 元，其中，固定生產成本為 7,000 元。如果改從市場上採購，單價為 8 元，同時將剩餘生產能力用於加工 B 零件，可節約外購成本 2,000 元，不考慮其他因素。

要求：為企業做出自製或外購 A 零件的決策，並說明理由。

13. 已知：某企業只生產一種產品，全年最大生產能力為 1,200 件。年初已按 100 元/件的價格接受正常任務 1,000 件，該產品的單位完全生產成本為 80 元/件（其中，單位固定生產成本為 25 元）。現有一客戶要求以 70 元/件的價格追加訂貨，不考慮其他因素。

要求：請考慮以下不相關情況，用差別損益分析法為企業做出是否接受低價追加訂貨的決策，並說明理由。

（1）剩餘能力無法轉移，追加訂貨量為200件，不追加專屬成本；

（2）剩餘能力無法轉移，追加訂貨量為200件，但因有特殊要求，企業需追加1,000元專屬成本；

（3）同（1），但剩餘能力可用於對外出租，可獲租金收入5,000元；

（4）剩餘能力無法轉移，追加訂貨量為300件；因有特殊要求，企業需追加900元專屬成本。

14. 已知：某企業常年生產需用的A部件以前一直從市場上採購。一般採購量在5,000件以下時，單價為8元；達到或超過5,000件時，單價為7元。如果追加投入12,000元專屬成本，就可以自行製造該部件，預計單位變動成本為5元，不考慮其他因素。

要求：用成本無差別點法為企業做出自製或外購A零件的決策，並說明理由。

15. 已知：丙公司準備購入一臺設備以擴充生產能力。現有甲、乙兩個方案可供選擇。甲方案需投資20,000元，使用壽命5年，採用直線法計提折舊，5年後無殘值，5年中每年可實現銷售收入為15,000元，每年付現成本為5,000元；乙方案需投資30,000元，採用直線法計提折舊，使用壽命也是5年，5年後有殘值收入4,000元，5年中每年銷售收入為17,000元，付現成本第一年為5,000元，以後逐年增加修理費用200元，另需墊支營運資金3,000元。假設所得稅稅率為40%、資金成本為12%，不考慮其他因素。

要求：

（1）計算兩個方案的現金流量；

（2）計算兩個方案的淨現值；

（3）計算兩個方案的現值指數；

（4）計算兩個方案的內含報酬率；

(5) 計算兩個方案的投資回收期;

(6) 試判斷應採用哪個方案。

(五) 簡答題

1. 什麼是成本預測？有什麼作用？
2. 什麼是成本決策？有什麼作用？
3. 簡述成本預測的程序。
4. 簡述成本決策的程序。
5. 簡述目標成本、定額成本、計劃成本三者之間的關係。

四、同步訓練答案

(一) 單項選擇題

1. A 2. C 3. B 4. D 5. D 6. C
7. D 8. C 9. D 10. B

(二) 多項選擇題

1. ABCD 2. ABC 3. ACD 4. ACD 5. ABCD
6. AC 7. ABC 8. ABC 9. AC 10. AD

(三) 判斷題

1. × 2. √ 3. × 4. √ 5. √ 6. √
7. × 8. × 9. √ 10. ×

(四) 計算分析題

1. (1) 2009年實現的利潤 = (單價－單位變動成本) × 銷量 －
　　　　　　　　　　　　固定成本
　　　　　　　　　　＝ (500－288) × 8,000－958,000
　　　　　　　　　　＝738,000 (元)

(2) 為實現目標利潤，各有關因素的變動如下:

實現目標利潤的銷售量

$$= \frac{目標利潤+固定成本}{單價-單位產品變動成本} = \frac{900,000+958,000}{500-288} \approx 8,765（件）$$

銷售量增長的百分比=(8,765-8,000)/8,000=9.56%

實現目標利潤的單價

$$= \frac{目標利潤+固定成本}{銷量}+單位產品變動成本$$

$$=(900,000+958,000)/8,000+288$$

$$=520.25（元/件）$$

單價增長的百分比=(520.25-500)/500=4.05%

實現目標利潤單位變動成本

$$= 單價-\frac{目標利潤+固定成本}{銷量}$$

$$=500-(900,000+958,000)/8,000$$

$$\approx 267.75（元/件）$$

單位變動成本下降的百分比=(267.75-288)/288

$$\approx -7.03\%$$

實現目標利潤的固定成本

=(單價-單位變動成本)×銷量-目標利潤

=(500-288)×8,000-900,000

=796,000（元）

固定成本降低的百分比=(796,000-958,000)/958,000

$$\approx -16.91\%$$

2. 設產量為 x，產品成本為 y，根據題目資料計算得：

表 7-3

年份	產量(臺)	產品成本(元)			
	x	y	xy	X^2	y^2
2007	10	600	6,000	100	360,000
2008	20	500	10,000	400	250,000

表7-3(續)

年份	產量(臺)	產品成本(元)			
2009	40	300	12,000	1,600	90,000
2010	30	400	12,000	900	160,000
2011	50	450	22,500	2,500	202,500
合計	150	2,250	62,500	5,500	1,062,500

由上表可知：

$n = 5 \quad \bar{x} = 30 \quad \bar{y} = 450 \quad \sum x = 150 \quad \sum y = 2,250$

$\sum xy = 62,500 \quad \sum x^2 = 5,500 \quad \sum y^2 = 1,062,500$

$$r = \frac{\sum x_i y_i - n\bar{x}\bar{y}}{\sqrt{[\sum x_i^2 - n(\bar{x})^2][\sum y_i^2 - n(\bar{y})^2]}} = -0.876$$

$|r| > 0.7$ 所以，x 和 y 之間呈線性相關。設 $y = a + bx$，計算得：

$$a = \frac{\sum y}{n} - b\frac{\sum x}{n} = \frac{\sum x_i^2 \bar{y} - \bar{x}\sum x_i y_i}{\sum x_i^2 - n(\bar{x})^2} = 600$$

$$b = \frac{n\sum xy - \sum x \sum y}{n\sum x^2 - (\sum x)^2} = \frac{\sum x_i y - n\bar{x}\bar{y}}{\sum x_i^2 - n(\bar{x})^2} = -5$$

則產品成本變動趨勢方程為：$y = 600 - 5x$

2012年60臺機床的總成本 $y = 600 - 5 \times 60 = 300$（元）

2012年60臺機床的單位成本 $= 300/60 = 5$（元/臺）

3. A產品的目標成本＝銷售收入－應納稅金－目標利潤
　　　　　　　＝(單位產品售價－單位產品銷售稅金
　　　　　　　－單位產品目標利潤)×銷量
　　　　　　　＝40×(1－18.7%－25%)×2,000
　　　　　　　＝45,040（元）

B產品的目標成本＝銷售收入－應納稅金－目標利潤
　　　　　　　＝(單位產品售價－單位產品銷售稅金

$$-單位產品目標利潤)×銷量$$
$$=60×(1-18.7\%-25\%)×3,000$$
$$=101,340（元）$$
該企業的目標成本 $=45,040+101,340=146,380$（元）

4. 甲產品的目標成本＝銷售收入－應納稅金－目標利潤
$$=60-6-60×25\%×(1+3\%)$$
$$=38.55（萬元）$$
乙產品的目標成本＝銷售收入－應納稅金－目標利潤
$$=90-9-90×20\%×(1+3\%)$$
$$=62.46（萬元）$$
企業總體目標成本 $=38.55+62.46=101.01$（萬元）

5. 解析：

2008 年：因為利潤＝收入－固定成本－變動成本

$100-50-$ 變動成本 $=0$，則：變動成本 $=50$

所以變動成本率 $=50/100=50\%$

2009 年：因為 $20=100-50-$ 變動成本，則：變動成本 $=30$

所以變動成本率 $=30/100=30\%$

2009 年變動成本率比 2008 年下降：$(50\%-30\%)/50\%=40\%$

6. 解析：

(1) ①單位產品變動成本 $=25+15+15+5=60$（元）

②上年盈虧臨界點銷售量 $=(60,000+40,000)/(100-60)$
$$=2,500（件）$$

③上年實際銷量 $=2,500/(1-60\%)=6,250$（件）

④上年利潤額 $=(100-60)×6,250-(60,000+40,000)$
$$=150,000（元）$$

或　　上年利潤額 $=(6,250-2,500)×(100-60)$
$$=150,000（元）$$

(2) 計劃期實現目標利潤所需的銷售量：
$=[(60,000+40,000+20,000)+120,000/(1-25\%)]/[100$
$-(60-10)]$
$=6,400$（件）

（3）①邊際貢獻率＝27%/60%＝45%

②變動成本率＝1-45%＝55%

③單位變動成本＝100×（1+5%）×55%＝57.75（元）

7. 解析：

由邊際貢獻率40%知變動成本率為60%（1-40%）。

則：單位變動成本 b÷單價 50 元＝60%，即單位變動成本 b＝30 元。

利潤為：P＝50×20×40%-300＝100（萬元）

假設價格提高10%，即價格變為 55 元，

則利潤變為：P＝（55-30）×20-300＝200（萬元）

利潤變動百分比＝（200-100）÷100×100%＝100%

單價的敏感系數＝100%÷10%＝10

8. 解析：

甲產品單位目標成本＝80×(1-20%)-20,000÷2,000
　　　　　　　　　＝54（元/千克）

或　甲產品單位目標成本＝80×[1-20%-20,000÷(2,000×80)
　　　　　　　　　×100%]
　　　　　　　　　＝80×[1-20%-20%(12.5%)]
　　　　　　　　　＝54（元/千克）

乙產品單位目標成本＝90×(1-30%)-20,000÷1,000
　　　　　　　　　＝43（元/千克）

或　乙產品單位目標成本＝90×[1-30%-20,000÷(1,000×90)
　　　　　　　　　×100%]
　　　　　　　　　＝90×[1-30%-20%(22.22%)]
　　　　　　　　　＝43（元/千克）

9. 解析：計算該種產品目標單位成本為：

Q＝(FC+SP)÷[P×(1-K)-V]

　＝(30,000+30,000)÷[300×(1-20%)-120]

　＝500（臺）

AC＝FC÷Q+V＝30,000÷500+80＝140（元/臺）

10. 解：開發 A 品種時可獲得的單位資源貢獻邊際

=（110-60）／2＝25（元/小時）

開發 B 品種時可獲得的單位資源貢獻邊際
=（120-40）/ 8＝10（元/小時）
因為 25>10，所以開發 A 品種比開發 B 品種更有利。
決策結論：應當開發 A 品種。

11. 解：（1）差別損益分析表

表 7-4　　　　　　　　　　　　　　　　　　　　　　　單位：元

	將 80%的甲半成品深加工為乙產成品	直接出售 80%的甲半成品	差異額
相關收入	30×800×99%＝23,760	20×800＝16,000	+7,760
相關成本合計	4,000	0	+4,000
其中：加工成本	5×800＝4,000	0	
差別損益			+3,760

決策結論：應當將 80%的甲半成品深加工為乙產成品，這樣可以使企業多獲得 3,760 元的利潤。

（2）差別損益分析表

表 7-5　　　　　　　　　　　　　　　　　　　　　　　單位：元

	將 80%的甲半成品深加工為乙產成品	直接出售 80%的甲半成品	差異額
相關收入	30×800×99%＝23,760	20×800＝16,000	+7,760
相關成本合計	8,000	0	+8,000
其中：加工成本	5×800＝4,000	0	
機會成本	4,000	0	
差別損益			-240

決策結論：不應當將 80%的甲半成品深加工為乙產成品，否則將使企業多損失 240 元的利潤。

（3）差別損益分析表

表 7-6　　　　　　　　　　　　　　　　　　　　　　　　單位：元

	將全部甲半成品深加工為乙產成品	直接出售甲半成品	差異額
相關收入	30×1,000=30,000	20×1,000=20,000	+10,000
相關成本合計	10,000	0	+10,000
其中：加工成本	5×1,000=5,000	0	
專屬成本	5,000	0	
差別損益			0

決策結論：兩方案任選其一。

12. 解：

表 7-7　　　　　　相關成本分析表　　　　　　單位：元

	自製 A 零件	外購 A 零件
變動成本	19,000-7,000=12,000	8×2,000=16,000
機會成本	2,000	0
相關成本合計	14,000	16,000

決策結論：應當安排自製 A 零件，這樣可使企業節約 2,000 元（16,000-14,000）成本。

13. 解：（1）絕對剩餘生產能力=1,200-1,000=200（件）

表 7-8　　　　　差別損益分析表　　　　　　單位：元

	接受追加訂貨	拒絕追加訂貨	差異額
相關收入	14,000	0	14,000
相關成本合計	11,000	0	11,000
其中：增量成本	11,000	0	
差　別　損　益			3,000

因為差別損益指標為+3,000元,所以應當接受此項追加訂貨,這樣可使企業多獲得3,000元利潤。

(2) 差別損益分析表

表 7-9　　　　　　　　　　　　　　　　　　　單位:元

	接受追加訂貨	拒絕追加訂貨	差異額
相關收入	14,000	0	14,000
相關成本合計	12,000	0	12,000
其中:增量成本	11,000	0	
專屬成本	1,000	0	
差　別　損　益			2,000

因為差別損益指標為+2,000元,所以應當接受此項追加訂貨,這樣可使企業多獲得2,000元利潤。

(3) 差別損益分析表

表 7-10　　　　　　　　　　　　　　　　　　單位:元

	接受追加訂貨	拒絕追加訂貨	差異額
相關收入	14,000	0	14,000
相關成本合計	16,000	0	16,000
其中:增量成本	11,000	0	
機會成本	5,000	0	
差　別　損　益			-2,000

因為差別損益指標為-2,000元,所以應當拒絕此項追加訂貨,否則將使企業多損失2,000元利潤。

(4) 差別損益分析表

表 7-11　　　　　　　　　　　　　　　　　　　　　　　　單位：元

	接受追加訂貨	拒絕追加訂貨	差異額
相關收入	21,000	0	21,000
相關成本合計	21,900	0	21,900
其中：增量成本	11,000	0	
機會成本	10,000	0	
專屬成本	900	0	
差　別　損　益			-900

因為差別損益指標為 -900 元，所以應當拒絕此項追加訂貨，否則將使企業多損失 900 元利潤。

14. 解：

(1) X < 5,000 件

假設自製的固定成本為 $a_1 = 12,000$ 元，單位變動成本為 $b_1 = 5$ 元。

外購的固定成本為 $a_2 = 0$ 元，單位變動成本為 $b_2 = 8$ 元。

因為 $a_1 > a_2$　　$b_1 < b_2$

所以符合應用成本無差別點法進行決策的條件。

成本無差別點業務量 = (12,000-0)÷(8-5) = 4,000（件）

X < 4,000 件，應外購；

4,000 件 ≤ X < 5,000 件，應自製。

(2) X ≥ 5,000 件

假設自製的固定成本為 $a_1 = 12,000$ 元，單位變動成本為 $b_1 = 5$ 元。

外購的固定成本為 $a_2 = 0$ 元，單位變動成本為 $b_2 = 7$ 元。

因為 $a_1 > a_2$　　$b_1 < b_2$

所以符合應用成本無差別點法進行決策的條件。

成本無差別點業務量 = (12,000-0)÷(7-5) = 6,000（件）

5,000 件 ≤ X < 6,000 件，應外購；

X ≥ 6,000 件，應自製。

或

(1) 採購量 < 5,000 件，假設成本無差別點業務量為 X。

則 8X = 12,000+5X，解得 X = 4,000（件）

故 採購量 < 4,000 件，應外購；

4,000 件 ≤ 採購量 < 5,000 件，應自製。

(2) 採購量 ≥ 5,000 件，假設成本無差別點業務量為 Y。

則 7Y = 12,000+5Y，解得 Y = 6,000（件）

故 5,000 件 ≤ 採購量 < 6,000 件，應外購；

採購量 ≥ 6,000 件，應自製。

15. 解：

(1) 兩個方案的現金流量：

①甲方案的折舊額 = 20,000／5 = 4,000（元）

乙方案的折舊額 = (30,000−4,000)／5 = 5,200（元）

②兩個方案的現金流量如下表所示：

表 7-12　　　　　　　　　　　　　　　　　　　　　　　　單位：元

| 甲方案 | −20,000 | 7,600 | 7,600 | 7,600 | 7,600 | 7,600 |
| 乙方案 | −33,000 | 9,280 | 9,160 | 9,040 | 8,920 | 15,800 |

(2) 兩個方案的淨現值：

甲方案的淨現值 = 7,600×(P/A,12%,5)−20,000

　　　　　　　= 7,396.48（元）

乙方案的淨現值

= 9,280 × 0.893 + 9,160 × 0.797 + 9,040 × 0.712 + 8,920
　× 0.636 + 15,800 × 0.567−33,000

= 3,655.76（元）

(3) 兩個方案的現值指數：

甲方案：1+(7,398/20,000) = 1.37

乙方案：1+(3,655.76/33,000) = 1.11

(4) 兩方案的內含報酬率：

甲方案：

① (P/A,i,5)＝20,000／7,600＝2.632

②內含報酬率為：

25%＋[(2.689－2.632)／(2.689－2.436)]×(30%－25%)

＝26.13%

乙方案：

①i＝16% 時，淨現值＝44.52（元）

②i＝18% 時，淨現值＝－1,541（元）

③內含報酬率為：

16%＋[44.52／(44.52＋1,541)]×(18%－16%)

＝16.06%

(5) 兩個方案的投資回收期：

甲方案：20,000／7,600＝2.63（年）

乙方案：3＋(5,520／8,920)＝3.62（年）

(6) 由以上計算得知，甲方案的淨現值、現值指數、內含報酬率均大於乙方案，投資回收期小於乙方案，所以應選用甲方案。

(五) 簡答題

答案（略）。

第八章 成本計劃與控制

一、學習目的

通過本章學習，主要達到以下目的：

1. 瞭解成本計劃和成本控制的作用、意義、要求和原則；
2. 掌握成本計劃的含義、內容、編製程序，以及編製費用預算的主要方法；
3. 掌握成本控制的含義、原則和程序；
4. 掌握目標成本控制、標準成本控制、責任成本控制的具體內容。

二、重點和難點

（一）成本計劃

成本計劃是在成本預測的基礎上，以貨幣形式預先規定企業在計劃期內的生產耗費和各種產品成本水平、產品成本降低任務及其降低措施的書面性文件。

1. 成本計劃的內容

成本計劃的內容，在不同時期、不同部門是有所差別的。它應該既能適應宏觀調控的要求，又能滿足企業成本管理的需

要。一般應包括以下幾個部分：

(1) 產品單位成本計劃；
(2) 商品產品成本計劃；
(3) 製造費用預算；
(4) 期間費用預算；
(5) 降低成本的主要措施方案。

2. 成本計劃的作用

成本計劃以成本預測與決策為基礎，它使職工明確成本方面的奮鬥目標是成本控制的先導和業績評價的尺度。其重要作用具體表現在以下幾個方面：

(1) 成本計劃是動員群眾完成目標成本的重要措施；
(2) 成本計劃是推動企業實現責任成本制度和加強成本控制的有力手段；
(3) 成本計劃是評價考核企業及部門成本業績的標準尺度。

3. 成本計劃的編製程序

(1) 收集和整理資料；
(2) 預計和分析上期成本計劃的執行情況；
(3) 進行成本降低指標的測算；
(4) 正式編製企業成本計劃。

4. 成本計劃的編製形式

(1) 一級編製成本計劃是指不分車間，由企業財務管理部門會同各業務部門，根據確定的各項定額有關成本計劃資料，採用一定的成本計算方法，直接編製整個企業的成本計劃。這種形式一般適用於一級成本核算的小型企業。

(2) 分級編製成本計劃是指先由車間編製各自的車間成本計劃，然后由企業財務部門匯總編製整個企業的成本計劃。這種形式適用於實行成本分級核算的企業。

(3) 一級分級相結合，編製成本計劃。這種形式是指對成本項目內容，根據需要，某些成本項目按級形式編製，另一些項目可按分級形式編製。例如：對原材料的成本計劃不分車間由企業財務部門直接編製；而對生產工人的薪酬、燃料和動力

費、製造費用先分別由車間編製，然后再由企業財務部門匯總編製成整個企業的成本計劃。這種形式比較靈活，適用於各類企業。

5. 成本計劃的編製

成本計劃在分級編製的方式下，大體上包括三個方面的內容：①編製輔助生產車間成本計劃；②編製基本生產車間成本計劃；③匯編全廠產品成本計劃。

（1）編製輔助生產車間成本計劃。

輔助生產車間成本計劃包括輔助生產費用預算和輔助生產費用分配兩大部分。由於輔助生產費用分配在本書成本核算有關章節裡有詳細介紹，在此僅就輔助生產費用預算編製做詳細說明。

輔助生產費用是指計劃期內輔助生產車間預計發生的各項生產費用總額，不同費用項目確定計劃發生數的方法有別：

有消耗定額、工時定額的項目，可以根據計劃產量和工時總數、單位產品（或勞務）的消耗定額和工時定額、計劃單價和工時費用率計算，如原材料、輔助材料、燃料及動力、工人工資等項目。

沒有消耗定額和開支標準的費用項目，可以根據上年資料結合本期產量的變化，並考慮本年節約的要求予以匡算，如低值易耗品、修理費等項目。其計算公式為：

$$\frac{本年費用計劃數}{} = \frac{上年費用預計數}{} \times (1+產量增長\%) \times (1-費用節約\%)$$

相對固定的費用項目，可以根據歷史資料，並考慮本年節約的要求予以匡算，如辦公費、水電費等項目。其計算公式為：

本年費用計劃數＝上年費用預計數×(1-費用節約%)

其他計劃中已有現成資料的費用項目，根據其他計劃有關資料編製，如管理人員薪酬、折舊費等項目。有規定開支標準的項目，按有關標準計算編製，如勞保費等項目。

（2）基本生產車間成本計劃的編製。

基本生產車間編製成本計劃的程序是：首先將直接材料、

直接薪酬等直接費用編製直接費用計劃；然后將各項間接生產費用編製製造費用預算，並將預計的製造費用在各產品間分配，最后匯總編製車間產品成本計劃。

第一，直接費用計劃的編製。

車間直接費用是車間為生產產品而發生的直接支出，包括直接材料、直接薪酬等其他直接支出。直接費用計劃應按成本項目計算編製，主要有原材料、輔助材料、燃料與動力、外購半成品、直接薪酬、廢品損失等成本項目。確定計劃數的方法分述如下：

① 原材料、輔助材料項目。

$$\text{單位產品材料計劃成本} = \Sigma \left(\frac{\text{單位產品}}{\text{各材料消耗定額}} \times \frac{\text{該種材料}}{\text{計劃單價}} \right)$$

② 燃料及動力項目。

在各種產品有燃料和動力耗用定額時，計算方法與材料項目相同。在各種產品無燃料和動力耗用定額時，應首先根據上年實際結合計劃期節約的要求，測算計劃期燃料和動力耗用的總額，然后按一定標準分配給各種產品。

③ 職工薪酬項目。

$$\text{單位產品職工薪酬計劃成本} = \Sigma (\text{該產品計劃工時定額} \times \text{計劃小時薪酬率})$$

其中：$$\text{計劃小時薪酬率} = \frac{\text{計劃期薪酬總額}}{\Sigma(\text{各產品計劃產量} \times \text{各產品計劃工時定額})} \times 100\%$$

④ 廢品損失項目。

$$\text{單位產品廢品損失計劃成本} = \text{預計上年單位產品廢品損失} \times (1 - \text{廢品損失計劃降低率})$$

⑤ 由上一車間轉來的半成品，編製直接費用計劃時的方法應與實際成本核算方法一致，採用平行結轉法或逐步結轉法。平行結轉法不計算前一車間轉來的半成品成本，逐步結轉法則應將上一車間轉來的半成品成本列入「原材料」或「自製半成品」成本項目之中。

第二，製造費用預算的編製。製造費用計劃由製造費用預算和製造費用分配兩部分組成。製造費用預算的編製方法有固定預算法、彈性預算法、概率預算法等，也可以按輔助生產費用預算的編製方法進行編製。製造費用的分配一般按計劃生產工時為標準分配給各種產品。

第三，車間產品成本計劃的編製。基本生產車間產品成本計劃，應按成本項目分產品反應各產品的單位成本和總成本。其編製依據是各產品的直接生產費用計劃和製造費用分配表，分產品計算出各產品的計劃單位成本和總成本后，再匯總編製全車間按成本項目計算的產品成本計劃。

（3）匯編全廠產品成本計劃。

廠部財會部門對各車間編製的成本計劃加以審查后，綜合編製全廠產品成本計劃。全廠產品成本計劃包括：①主要產品單位成本計劃；②商品產品成本計劃；③生產費用預算。

(二) 成本計劃的編製方法

1. 預測決策基礎法

預測決策基礎法要求編製成本計劃時，必須建立在成本預測和成本決策的基礎上。這種方式是基於企業的各項消耗定額及費用預算資料不夠齊全的條件上進行的，特別適合於對新產品編製成本計劃，具體方法見第七章的成本預測與決策。該法的最大特點是成本計劃是以成本預測和決策為基礎的，定性成分少，具有一定的科學性，而且有效地考慮了未來狀態變化的隨機性和不確定性。

2. 因素測算法

因素測算法也稱為概算法，是指根據企業各項增產節約措施計劃，通過分析測算出各項增產節約措施對成本降低幅度的影響程度及其相應的經濟效果，再據以調整上年實際（或預計）成本，編製成本計劃的一種方法。

測算步驟如下：

（1）提出降低產品成本的計劃要求；

（2）編製基層單位降低成本的計劃；
（3）編製全廠產品成本計劃。

3. 直接計算法

直接計算法又稱為成本計算法、細算法，是指根據現實的各項消耗定額和費用預算資料，在考慮成本降低要求的基礎上，按照產品成本核算程序和方法詳細計算各產品和各成本項目的計劃成本，然后再匯總編製全部產品成本計劃的一種方法。按企業核算分級方式，它又可分為集中編製法和分級編製法兩種。

4. 固定預算法

固定預算又稱為靜態預算，是指根據預算期內正常的可能實現的某一業務活動水平而編製的預算。固定預算的基本特徵是：不考慮預算期內業務活動水平可能發生的變動，而只按照預期內計劃預定的某一共同的活動水平為基礎確定相應的數據；將實際結果與按預算期內計劃預定的某一共同的活動水平所確定的預算數進行比較分析，並據以進行業績評價、考核。固定預算方法適宜財務經濟活動比較穩定的企業和非營利性組織。企業制訂銷售計劃、成本計劃和利潤計劃等，都可以使用固定預算法。如果單位的實際執行結果與預期業務活動水平相距甚遠，則固定預算就難以為控制服務。

5. 彈性預算法

彈性預算法是在固定預算方法的基礎上發展起來的一種預算方法。它分別編製其相應的預算，以反應在不同業務量水平下所應發生的費用和收入水平。根據彈性預算隨業務量的變動而做相應調整，考慮了計劃期內業務量可能發生的多種變化，故又稱為變動預算。

6. 零基預算法

零基預算法是指由於任何預算期的任何預算項目，其費用預算額都以零為起點，按照預算期內應該達到的經營目標和工作內容，重新考慮每項預算支出的必要性及其規模，從而確定當期預算的一種方法。

7. 定期預算法

定期預算法是指在編製預算時以會計年度作為預算期的一種預算編製方法。這種預算方法主要適用於服務類的一些經常性政府採購支出項目，如會議費和印刷費等。其優點是能夠使預算期間與會計年度相配合，便於考核和評價預算的執行結果；其缺點是由於預算一般在年度前 2~3 個月編製，跨期長，對計劃期的情況不夠明確，只能進行籠統的估算，具有一定的盲目性和滯后性；同時，執行中容易導致管理人員中只考慮本期計劃的完成，缺乏長遠打算，因此其運用受到一定的局限。

8. 滾動預算法

滾動預算法是指在定期預算的基礎上發展起來的一種預算方法。它是指隨著時間推移和預算的執行，其預算時間不斷延伸，預算內容不斷補充，整個預算處於滾動狀態的一種預算方法。滾動預算編製方式的基本原理是使預算期永遠保持 12 個月，每過 1 個月，立即在期末增列 1 個月的預算，逐期往後滾動。因而，在任何一個時期都使預算保持 12 個月的時間跨度，故亦稱「連續編製方式」或「永續編製方式」。這種預算能使單位各級管理人雖對未來永遠保持 12 個月時間工作內容的考慮和規劃，從而保證單位的經營管理工作能夠穩定而有序地進行。

9. 概率預算法

在編製預算的過程中，涉及的變量很多，如產量、銷量、價格、成本等。在通常情況下，這些變量的預計可能是一個定值，但是在市場的供應、產銷變動比較大的情況下，這些變量的定值就很難確定。這就要根據客觀條件，對有關變量進行近似的估計，估計它們可能變動的範圍，分析它們在該範圍內出現的可能性（即概率），然后對各變量進行調整，計算期望值，編製預算。這種運用概率來編製預算的方法，就是概率預算。概率預算實際上就是一種修正的彈性預算，即將每一事項可能發生的概率結合應用到彈性預算的變化之中。

10. 增量預算法

增量預算法是指在上年度預算實際執行情況的基礎上，考

慮了預算期內各種因素的變動，相應增加或減少有關項目的預算數額，以確定未來一定期間收支的一種預算方法。如果在基期實際數基礎上增加一定的比率，則叫增量預算法；反之，若是基期實際數基礎上減少一定的比率，則叫減量預算法。

這種方法主要適用於在計劃期由於某些採購項目的實現而應相應增加的支出項目。如預算單位計劃在預算年度上採購或拍賣小汽車，從而引起的相關小車修理費、保險費等採購項目支出預算的增減。其優點是預算編製方法簡便、容易操作；其缺點是以前期預算的實際執行結果為基礎，不可避免地受到既成事實的影響，易使預算中的某些不合理因素得以長期沿襲，因而有一定的局限性。同時，也容易使基層預算單位養成資金使用「等、靠、要」的思維習慣，滋長預算分配中的平均主義和簡單化，不利於調動各部門增收節支的積極性。

(三) 成本控制

1. 成本控制的概念、原則和程序

（1）成本控制的概念

成本控制主要是運用成本會計方法，對企業經營活動進行規劃和管理，將成本規劃與實際相比較，以衡量業績，並按照例外管理的原則，消除或糾正差異，提高工作效率，不斷降低成本，實現成本目標。

（2）成本控制的原則

①全面控制原則；

②例外控制原則；

③經濟效益原則。

（3）成本控制的程序

①制定成本標準；

②分解落實成本標準，具體控制成本形成過程；

③揭示成本差異；

④進行考核評價。

2. 預算成本控制法

（1）成本預算與預算成本的內涵

①成本預算。預算是企業經營活動的數量計劃，它確定企業在預算期內為實現企業目標所需的資源和應進行的活動。

②預算成本。企業按照預算期的特殊生產和經營情況所編製的預定成本。

（2）預算的編製程序

①成立預算組織；

②確定預算期間；

③明確預算原則；

④編製預算草案；

⑤協調預算；

⑥復議、審批和調整預算。

（3）銷售預算

銷售預算列示了在預期銷售價格下的預期銷售量。編製期間銷售預算的起點一般是預計的銷售水平、生產能力和公司的長、短期目標。

（4）生產預算

生產預算依據銷售預算進行編製。生產預算就是根據銷售目標和預計預算期末的存貨量決定生產量，並安排完成該生產量所需資源的取得和整合的整套規劃。生產量取決於銷售預算、期末產成品的預計余額以及期初產成品的存貨量。

確定預計生產量的計算公式為：

預計生產量＝預算的銷售量＋期末存貨量－期初存貨量

①直接材料預算。直接材料預算顯示了生產所需的直接材料及其預算成本。所以，直接材料使用預算是編製直接材料採購預算的起點。企業編製直接材料採購預算是為了保證有足夠的直接材料來滿足生產需求並在期末留有預定的存貨。

②直接人工預算。生產預算同樣也是編製人工預算的起點。企業的勞動力必須是擁有充分技能，能夠從事本期計劃產成品生產的工人。

③製造費用預算。製造費用包括直接材料和直接人工之外的所有生產成本。不像直接材料和直接人工按產量的比例增減，製造費用中有一些成本並不隨產量按比例變化，而是依生產進行的方式而變化。如隨生產批量的大小或生產準備次數變化而變化的成本。製造費用還包括一些固定成本，如生產管理人員的工資和車間的折舊費等。

④產品生產和銷售成本預算。產品生產和銷售成本預算列示了每一期間計劃生產成本的總額和單位額。

（5）銷售和管理費用預算。銷售和管理費用預算包括預算期內所有的非生產費用。

3. 目標成本控制

目標成本是指以市場需求為導向，產品從設計開發開始，到售後服務，為實現目標利潤必須達到的目標成本值。它是企業經營管理的一項重要目標，是企業預先確定在一定時期內所要實現的成本目標。它包括目標成本額、單位產品成本目標和成本降低目標。目標成本控制是基於市場導向和市場競爭的管理理念與方法，以具有競爭性的市場價格和目標利潤倒推出目標成本，繼而進行全方位控制，以達到目標。

（1）目標成本控制的程序

①確定目標成本；

②目標成本的可行性分析；

③執行目標成本；

④目標成本的考核與修訂。

（2）產品設計階段的目標成本控制

①目標成本的測定。目標利潤的計算有兩種方式：一是用國內外同行業或本企業同種（同類）產品銷售利潤率乘以該產品預計銷售價格求得。二是用國內外同行業或本企業同種（同類）產品的成本利潤率乘以該產品目標成本求得。目標成本的計算公式為：

目標成本＝產品預計售價×(1−銷售利潤率−稅率)

或　　目標成本＝產品預計售價×(1−稅率)−目標成本×成本利潤率

=產品預計售價×(1−稅率)÷(1+成本利潤率)

②目標成本的分解。

③設計成本的計算。

一種新產品的設計工作完成后,必須對其成本進行測算,測算方法主要有直接法、概算法和分析法。

④設計成本與目標成本的比較。

⑤設計方案的評價。

⑥評價方案時不僅要考慮企業的經濟效益,也要考慮社會效益。

(3) 生產階段目標成本控制

①預測目標總成本。預測目標總成本是在確定目標利潤的基礎上進行的。目標總成本的計算公式為:

目標總成本=預計銷售收入−目標利潤−銷售稅金

②目標總成本的分解。為了在生產過程中落實目標成本,必須將目標總成本分解到各成本責任單位,編製各責任單位成本預算。各責任單位成本預算之和加上不可控成本,不能超過目標總成本。其方法有兩種:

責任成本預算=$\sum$(責任單位目標產量×單位產品變動成本)
　　　　　　+成本責任單位可控固定成本預算

責任成本預算=$\sum$(成本責任單位目標產量×單位產品可控標準成本)

(4) 日常的目標成本控制

在日常管理中,目標成本控制要與經濟責任制相結合,將目標成本進行層層分解,並落實到崗位與個人,與獎懲制度配套執行。

4. 標準成本控制

(1) 標準成本的概念和特點

標準成本是指按照成本項目反應的、在已經達到的生產技術水平和有效經營管理條件下,應當發生的單位產品成本目標。它有理想標準成本、正常標準成本和現實標準成本三種類型。

標準成本控制的核心是按標準成本記錄和反應產品成本的

形成過程與結果，並借以實現對成本的控制。其特點是：

①標準成本制度只計算各種產品的標準成本，不計算各種產品的實際成本。「生產成本」「產成品」「自製半成品」等成本帳戶均按標準成本入帳。

②實際成本與標準成本之間的各種差異分別記入各成本差異帳戶，並根據它們對日常成本進行控制和考核。

③標準成本控制可以與變動成本法相結合，達到成本管理和控制的目的。

（2）標準成本控制的程序

①正確制定成本標準；

②揭示實際消耗與標準成本的差異；

③累積實際成本資料，並計算實際成本；

④比較實際成本與標準成本的差異，分析成本差異產生原因；

⑤根據差異產生的原因，採取有效措施，在生產經營過程中進行調整，消除不利差異。

（3）標準成本的制定

①標準成本制定的基本方法

制定標準成本有多種方法，最常見的有以下兩種：

第一，工程技術測算法。它是根據一個企業現有的機器設備、生產技術狀況，對產品生產過程中的投入產出比例進行估計而計算出來的標準成本。

第二，歷史成本推算法。它是將過去發生的歷史成本數據作為未來產品生產的標準成本，一般以企業過去若干期的原材料、人工等費用的實際發生額計算平均數，要求較高的企業往往以歷史最好成本水平來計算。

②標準成本的一般公式

產品的標準成本主要包括直接材料、直接人工和製造費用。無論是哪一個成本項目，在制定其標準成本時，都需要分別確定其價格標準和用量標準，兩者相乘即為每一成本項目的標準成本，然後匯總各個成本項目的標準成本，就可以得出單位產

品的標準成本。其計算公式為：

$$\begin{matrix}某成本項目\\標準成本\end{matrix} = \begin{matrix}該成本項目的\\價格標準\end{matrix} \times \begin{matrix}該成本項目的\\用量標準\end{matrix}$$

$$\begin{matrix}單位產品\\標準成本\end{matrix} = \begin{matrix}直接材料\\標準成本\end{matrix} + \begin{matrix}直接人工\\標準成本\end{matrix} + \begin{matrix}製造費用\\標準成本\end{matrix}$$

③標準成本各項目的制定

第一，直接材料標準成本的制定。直接材料標準成本是由直接材料耗用量標準和直接材料價格標準兩個因素決定的。首先，確定直接材料的標準用量和價格標準；其次，計算確定直接材料標準成本。其計算公式為：

$$\begin{matrix}單位產品\\直接材料成本\end{matrix} = \Sigma \left(\begin{matrix}各種材料\\耗用量標準\end{matrix} \times \begin{matrix}各種材料\\價格標準\end{matrix} \right)$$

第二，直接人工標準成本的制定。直接人工標準成本是由直接人工工時耗用量標準和直接人工價格標準兩個因素決定的。首先，確定產品生產標準工時和工資率；其次，計算單位產品直接人工標準成本。其計算公式為：

$$\begin{matrix}單位產品直接\\人工標準成本\end{matrix} = 標準薪酬率 \times 人工工時耗用標準$$

第三，製造費用標準成本的制定。由於製造費用無法追溯到具體的產品項目上，包括了固定製造費用和變動製造費用，因此，不能按產品制定消耗額。通常以責任部門為單位，按固定製造費用和變動製造費用編製預算。製造費用的標準成本是由製造費用的價格標準和製造費用的用量標準決定，製造費用價格標準即製造費用分配率標準，製造費用用量標準即工時用量標準。其計算公式為：

$$\begin{matrix}單位產品製造\\費用標準成本\end{matrix} = 製造費用分配率標準 \times 製造費用用量標準$$

$$\begin{matrix}製造費用\\分配率標準\end{matrix} = \begin{matrix}變動製造費用\\標準分配率\end{matrix} + \begin{matrix}固定製造費用\\標準分配率\end{matrix}$$

$$\begin{matrix}變動製造費用\\分配率標準\end{matrix} = \frac{變動製造費用預算}{預算標準工時}$$

$$\frac{\text{固定製造費用分}}{\text{配率標準}} = \frac{\text{固定製造費用預算}}{\text{預算標準工時}}$$

(4) 成本差異的計算與分析

成本差異是指產品的實際成本與標準成本之間的差額。標準成本包括直接材料標準成本、直接人工標準成本、變動製造費用標準成本、固定製造費用標準成本，與此相對應，成本差異也有直接材料成本差異、直接人工成本差異、變動製造費用成本差異、固定製造費用成本差異，每一個標準成本項目均可以分解為用量標準和價格標準，成本差異也分解為數量差異和價格差異，標準成本差異分析實際上就是運用因素分析法（又稱為連環替換法）的分析原理和思路對成本差異進行分析，遵循該法中的因素替換原則和要求，故進行標準成本的差異計算與分析應結合因素分析法加以考慮。

對成本差異既分成本項目、又分變動和固定成本、還分用量和價格因素等進行多方面、多角度的深入分析，其根本動因在於找出引起差異的具體原因，做到分清、落實部門、人員的責任，使成本控制真正得以發揮。

①直接材料差異的計算與分析

直接材料成本差異是直接材料的實際成本與其標準成本之間的差額，包括用量差異和價格差異。

$$\text{直接材料標準成本差異} = \text{直接材料的實際成本} - \text{直接材料標準成本}$$

其中：

$$\text{直接材料的用量差異} = (\text{實際用量} \times \text{標準價格}) - (\text{標準用量} \times \text{標準價格})$$
$$= (\text{實際用量} - \text{標準用量}) \times \text{標準價格}$$

$$\text{直接材料的價格差異} = (\text{實際用量} \times \text{實際價格}) - (\text{實際用量} \times \text{標準價格})$$
$$= \text{實際用量} \times (\text{實際價格} - \text{標準價格})$$

②直接人工差異的計算與分析

$$\text{直接人工標準成本差異} = \text{直接人工的實際成本} - \text{直接人工的標準成本}$$

其中：

$$\text{直接人工效率差異(量差)} = (\text{實際工時} \times \text{標準薪酬率}) - (\text{標準工時} \times \text{標準薪酬率})$$

$$= (\text{實際工時} - \text{標準工時}) \times \text{標準薪酬率}$$

$$\text{直接人工薪酬率差異(價差)} = (\text{實際工時} \times \text{實際薪酬率}) - (\text{實際工時} \times \text{標準薪酬率})$$

$$= \text{實際工時} \times (\text{實際薪酬率} - \text{標準薪酬率})$$

③變動製造費用差異計算與分析

變動製造費用的差異同樣可分為價格差異和數量差異。價格差異是由於變動製造費用的分配率與標準分配率不一致造成的，又稱為變動製造費用耗費差異；數量差異則是由於實際耗用工時與標準工時不一致造成的，又稱為變動製造費用效率差異。

$$\text{變動製造費用耗費差異(價差)} = (\text{實際工時} \times \text{變動製造費用實際分配率}) - (\text{實際工時} \times \text{變動製造費用標準分配率})$$

$$= (\text{變動製造費用實際分配率} - \text{變動製造費用標準分配率}) \times \text{實際工時}$$

$$\text{變動製造費用效率差異(量差)} = (\text{實際工時} \times \text{變動製造費用標準分配率}) - (\text{標準工時} \times \text{變動製造費用標準分配率})$$

$$= (\text{實際工時} - \text{標準工時}) \times \text{變動製造費用標準分配率}$$

④固定製造費用差異計算與分析

固定製造費用有兩種計算分析方法：一種是兩因素差異分析法；另一種是三因素差異分析法。

兩因素分析法將固定製造費用差異分為耗費差異和數量差異，這裡的數量差異又稱為能量差異。其計算公式為：

$$\frac{耗費}{差異} = 固定製造費用實際發生額 - 固定製造費用預算額$$

$$\frac{能量}{差異} = 固定製造費用預算額 - 實際產量下標準固定製造費用$$

$$= (預算工時 - 標準工時) \times 固定製造費用標準分配率$$

三因素分析法進一步將能量差異分為效率差異和生產能力利用差異，再加上前面的耗費差異就構成了三種影響因素。耗費差異的計算與前面完全一致。另外兩種差異的計算公式為：

$$\frac{效率}{差異} = (實際工時 - 標準工時) \times 固定製造費用標準分配率$$

$$\frac{生產能力}{利用差異} = (預算工時 - 實際工時) \times 固定製造費用標準分配率$$

5. 責任成本控制

責任中心是指承擔一定經濟責任，並擁有相應管理權限和享受相應利益的企業內部責任單位的統稱。責任成本是責任會計核算體系中的一個指標，對各責任中心的責任成本進行控制是企業內部財務控制系統的重要內容。

（1）責任成本控制的程序

①編製責任成本預算

②執行責任成本預算，並控制責任成本

③核算責任成本實際發生額

④分析責任成本，考核業績

（2）責任成本核算

①責任成本的構成

第一，生產部門責任成本。生產部門責任成本除少數調整項目外，基本上與製造成本的內容一致，即由產品製造過程中發生直接材料、直接人工和製造費用，加上被追溯責任成本，扣減追溯責任成本構成。直接材料成本按內部轉移價格計算，直接人工成本按職工薪酬組成內容確定。被追溯責任成本是指由其他責任中心追溯而來的應由本責任中心負擔的成本；追溯責任成本是指由本責任中心追溯給其他責任中心的應由其負擔

的成本。

第二，物資供應部門責任成本。供應部門的責任成本包括：材料物資的採購成本；供應部門發生各項費用；材料儲存中發生的各項費用；因材料質量問題造成的損失；因材料供應不及時造成的停工損失。

第三，設備管理部門責任成本。設備管理部門責任成本主要包括：設備管理內部發生的各項費用；設備由於非使用單位責任而造成的停工損失和廢品損失；設備按計劃進行的大修理費稅金與計劃的差額；設備大修理停工損失稅金與計劃的差額。

第四，技術開發部門責任成本。技術開發部門責任成本主要包括：新產品研製開發費用，老產品改造費用；產品設計投產后在生產中的浪費；工藝規程不合理在生產中造成的浪費；設計部門發生的其他費用。

第五，產品銷售部門責任成本。產品銷售部門責任成本主要包括：產品銷售費用，銷售違約金；銷售不暢沒有及時反饋信息的成品積壓損失；銷售價格折扣、折讓、退回損失、壞帳損失；產品倉儲費。

②責任成本的核算方法

在會計實務中，責任成本核算有雙軌制和單軌制兩種方法。

第一，雙軌制。該方法產品成本的計算仍然用原來的一套辦法、一套憑證、一套人馬，即原有的產品成本核算工作內容不變，而另外組織一套核算體系來專門計算責任成本。該方法由於用會計的方法核算責任成本，而且是單獨進行核算，所以它提供的資料具有嚴密、精確的特點。這對於劃清經濟責任，無疑是非常重要的。

第二，單軌制。該方法由責任成本和產品成本同時在一套核算體系裡核算而得，把責任成本的核算融合到產品成本計算之中，所得出的核算資料既能滿足產品成本核算制的需要，又能滿足責任成本制的需要。單軌制是我國推行責任成本制的基本方法。

③單軌制下責任成本核算程序

第一，確定責任者和成本費用核算對象；

第二，設置帳簿；

第三，設置責任者預算卡片；

第四，歸集生產費用。

6. 作業成本控制法

（1）作業成本控制概述

作業成本控制就是通過作業分析區分增值作業和非增值作業，盡可能地消除非增值作業，達到降低成本的目的。

作業成本控制與傳統的成本控制相比，具有以下特點：

第一，作業成本控制是一種全面成本控制；

第二，作業成本控制是對產品整個生命週期的成本進行控制。

（2）作業成本控制的程序

①進行作業分析

第一，確認客戶對作業過程的期望；

第二，把所有作業分為增值作業和非增值作業；

第三，不斷提高所有增值作業的效率，做出消除非增值作業的計劃。

②制定作業成本控制標準

在作業成本控制中，成本控制標準的制定是以作業中心為核心的，與作業的效率和作業量相關，確認每項作業的增值成本，並依據每項作業不同的成本動因數量制定成本標準，作為將來的業績考核依據。

③計算實際作業成本

成本控制深入到作業水平，要求成本計算與之相適應，即要求實際成本計算深入到每一作業，進行作業成本計算。

④作業成本差異計算與分析

實際作業成本與標準作業成本之間的差額，稱為標準作業成本差異。完整的差異計算與分析包括三個步驟：一是計算差異的數額並分析其種類；二是進行差異調查，找到產生差異的

具體原因；三是判明責任，採取措施，改進成本控制。

(四) 成本控制方法的綜合運用

(1) 目標成本設定與分解；
(2) 成本改善與成本維持；
(3) 成本的分析與業績考核。

三、同步訓練

(一) 單項選擇題

1. 下列各項中，有關成本計劃與費用預算的表述，不正確的是（　　）。
   A. 製造費用計劃由製造費用預算和制用分配兩部分組成
   B. 製造費用預算的編製方法有固定預算法、彈性預算法、概率預算法
   C. 全廠產品成本計劃包括主要產品單位成本計劃和商品產品成本計劃
   D. 輔助生產車間成本計劃包括輔助生產費用預算和輔助生產費用分配兩大部分

2. 下列各項中，有關成本計劃與費用預算的表述，正確的是（　　）。
   A. 編製輔助生產車間成本計劃無須考慮原材料項目
   B. 編製基本生產車間直接費用計劃無須考慮廢品損失項目
   C. 基本生產車間製造費用計劃由製造費用預算和製造費用分配兩部分組成
   D. 基本生產車間產品成本計劃編製依據是各產品的直接生產費用計劃和輔助生產費用計劃

3. 下列各項中，屬於預算在執行過程中自動延伸，使預算

期永遠保持在一年的預算方法是（　　）。

　　A. 固定預算　　　　　B. 滾動預算
　　C. 彈性預算　　　　　D. 概率預算

4. 下列各項中，屬於實務中確定「例外」的標準通常考慮的標誌是（　　）。

　　A. 一致性　　　　　　B. 異常性
　　C. 獨立性　　　　　　D. 特殊性

5. 在成本差異分析時，下列各項中，屬於變動製造費用的效率差異類似的差異是（　　）。

　　A. 直接人工效率差異　B. 直接材料用量差異
　　C. 直接材料價格差異　D. 直接材料成本差異

6. 下列各項中，能夠克服固定預算的缺陷的預算方法是（　　）。

　　A. 定期預算　　　　　B. 滾動預算
　　C. 彈性預算　　　　　D. 增量預算

7. 下列各項中，關於固定製造費用效率差異的表述中，正確的是（　　）。

　　A. 實際工時與標準工時之間的差異
　　B. 實際工時與預算工時之間的差異
　　C. 預算工時與標準工時之間的差異
　　D. 實際分配率與標準分配率之間的差異

8. 在成本差異分析時，下列各項中，屬於變動製造費用效率差異類似的差異是（　　）。

　　A. 直接人工效率差異　B. 直接材料價格差異
　　C. 直接材料成本差異　D. 直接人工工資率差異

9. 如果直接人工實際工資率超過了標準工資率，但實際耗用工時低於標準工時，則直接人工的效率差異和工資率差異的性質是（　　）。

　　A. 效率差異為有利；工資率差異為不利
　　B. 效率差異為有利；工資率差異為有利
　　C. 效率差異為不利；工資率差異為不利

D. 效率差異為不利；工資率差異為有利

10. 某企業甲產品 3 月實際產量為 100 件，材料消耗標準為 10 千克，每千克標準價格為 20 元；實際材料消耗量為 950 千克，實際單價為 25 元。直接材料的數量差異為（　　）元。

　　A. -1,000　　　　　　　B. 3,750
　　C. 4,750　　　　　　　D. 20,000

(二) 多項選擇題

1. 下列各項中，屬於成本計劃的內容有（　　）。
　　A. 期間費用預算
　　B. 製造費用預算
　　C. 產品單位成本和產品成本計劃
　　D. 降低成本的主要措施方案

2. 下列各項中，屬於成本計劃的編製形式的有（　　）。
　　A. 一級編製形式　　　B. 二級編製形式
　　C. 多級編製形式　　　D. 一級分級相結合形式

3. 下列各項中，屬於直接費用計劃的成本項目有（　　）。
　　A. 原材料、輔助材料項目　B. 燃料及動力項目
　　C. 職工薪酬項目　　　D. 廢品損失項目

4. 下列各項中，屬於成本控制的原則有（　　）。
　　A. 全面控制原則　　　B. 因地制宜原則
　　C. 例外控制原則　　　D. 經濟效益原則

5. 下列各項中，屬於標準成本制定時應選擇的有（　　）。
　　A. 理想標準成本　　　B. 正常標準成本
　　C. 現實標準成本　　　D. 基本標準成本

6. 下列各項中，屬於產品標準成本構成的有（　　）。
　　A. 直接材料標準成本　B. 直接人工標準成本
　　C. 變動製造費用標準成本　D. 固定製造費用標準成本

7. 下列各項中，屬於材料價格差異產生的原因有

(　　)。
　　A. 材料質量的變化
　　B. 採購費用的變動
　　C. 材料加工中的損耗的變動
　　D. 市場供求關係變化而引起的價格變動

8. 下列各項中，屬於影響變動製造費用效率差異的原因有（　　）。
　　A. 出勤率變化　　　　B. 作業計劃安排不當
　　C. 加班或使用臨時工　D. 工人勞動情緒不佳

9. 下列各項中，不屬於變動製造費用價差的是（　　）。
　　A. 耗費差異　　　　B. 效率差異
　　C. 閒置差異　　　　D. 能量差異

10. 下列各項中，屬於按三因素分析法下固定製造費用成本差異的有（　　）。
　　A. 耗費差異　　　　B. 能量差異
　　C. 效率差異　　　　D. 生產能力利用差異

(三) 判斷題

1. 編製成本計劃時必須廣泛收集和整理各項基礎資料並加以分析研究。　　　　　　　　　　　　　　　　　　　（　　）

2. 製造費用預算也可以按輔助生產費用預算的編製方法進行編製。　　　　　　　　　　　　　　　　　　　　　（　　）

3. 在採用平行結轉法時，最后一個基本生產車間產品的計劃單位成本即為該產品的計劃單位成本。　　　　　　（　　）

4. 概率預算可以為企業不同的經濟指標水平或同一經濟指標的不同業務量水平計算出相應的預算額。　　　　　（　　）

5. 直接材料標準成本根據直接材料用量標準和直接材料標準價格計算。　　　　　　　　　　　　　　　　　　（　　）

6. 作為計算直接人工標準成本的用量標準，必須是直接人工生產工時。　　　　　　　　　　　　　　　　　　（　　）

7. 變動製造費用耗費差異，是實際變動製造費用支出與按

標準工時和變動費用標準分配率計算確定的金額之間的差額。
(　　)

8. 定額成本法不僅是一種產品成本計算方法，還是一種產品成本控制方法。(　　)

9. 成本控制是指為降低產品成本而進行的控制。(　　)

10. 材料用量不利差異必須由生產部門負責。(　　)

(四) 計算分析題

1. 某企業按照 8,000 直接人工小時編製的預算資料如下：

表 8-1　　　　　　　　　　　　　　　　　　　　　　　單位：元

變動成本	金額	固定成本	金額
直接材料	6,000	間接人工	11,700
直接人工	8,400	折舊	2,900
電力及照明	4,800	保險費	1,450
合計	19,200	電力及照明	1,075
		其他	875
		合計	18,000

要求：不考慮其他因素，按公式法編製 9,000、10,000、11,000 直接人工小時的彈性預算。（該企業的正常生產能量為 10,000 直接人工小時，假定直接人工小時超過正常生產能量時，固定成本將增加 6%）

2. 設某公司採用零基預算法編製下年度的銷售及管理費用預算。該企業預算期間需要開支的銷售及管理費用項目及數額如下：

表 8-2　　　　　　　　　　　　　　　　　　　　　　　單位：元

項　目	金　額
產品包裝費	12,000
廣告宣傳費	8,000
管理推銷人員培訓費	7,000

表8-2(續)

項 目	金 額
差旅費	2,000
辦公費	3,000
合計	32,000

經公司預算委員會審核后，認為上述五項費用中產品包裝費、差旅費和辦公費屬於必不可少的開支項目，保證全額開支。其余兩項開支根據公司有關歷史資料進行「成本——效益分析」其結果為：廣告宣傳費的成本與效益之比為1：15；管理推銷人員培訓費的成本與效益之比為1：25。

假定該公司在預算期上述銷售及管理費用的總預算額為29,000元，不考慮其他因素，要求編製銷售以及管理費用的零基預算。

3. 某企業生產產品需要兩種材料，有關資料如下：

表8-3

材料名稱	甲材料	乙材料
實際用量	3,000 千克	2,000 千克
標準用量	3,200 千克	1,800 千克
實際價格	5 元/千克	10 元/千克
標準價格	4.5 元/千克	11 元/千克

要求：不考慮其他因素，分別計算兩種材料的成本差因，分析差異產生的原因。

4. 某企業本月固定製造費用的有關資料如下：

生產能力　　　　　　　2,500 小時
實際耗用工時　　　　　3,500 小時
實際產量的標準工時　　3,200 小時
固定製造費用的實際數　8,960 元
固定製造費用的預算數　8,000 元
不考慮其他因素。

要求：

（1）根據所給資料計算固定製造費用的成本差異。

（2）採用三因素分析法計算固定製造費用的各種差異。

（五）簡答題

1. 簡述成本計劃的內容和作用。

2. 簡述成本計劃編製的程序。

3. 實行滾動預算的意義何在？

4. 簡述標準成本控制的含義及控制的程序。

5. 為什麼產品設計階段的目標成本控制是成本控制的關鍵環節？

四、同步訓練答案

（一）單項選擇題

1. C   2. C   3. B   4. D   5. A   6. C
7. A   8. A   9. A   10. A

（二）多項選擇題

1. ABCD   2. ACD   3. ABCD   4. ACD   5. ABC
6. ABCD   7. ABD   8. BD   9. BCD   10. ACD

（三）判斷題

1. ×   2. √   3. ×   4. ×   5. ×   6. √
7. ×   8. √   9. ×   10. ×

（四）計算分析題

1. 解：9,000 工時：變動成本 = 2.4×9,000 = 21,600（元）

固定成本 = 18,000（元）

合計 39,600（元）

10,000 工時：變動成本 = 2.4×10,000 = 24,000（元）

固定成本 = 18,000（元）

合計 42,000（元）

11,000 工時：變動成本 = 2.4×11,000 = 26,400（元）

固定成本 = 18,000×1.06 = 19,080（元）

合計 45,480（元）

2. 解：

產品包裝費、差旅費和辦公費 = 12,000+2,000+3,000

= 17,000（元）

廣告和推銷費用 = 29,000－17,000 = 12,000（元）

廣告和推銷費用的分配率 = 12,000÷（15+25）= 300

廣告費 = 300×15 = 4,500（元）

推銷費 = 300×25 = 7,500（元）

3. 解：

（1）甲材料成本差異 = 3,000 × 5－3,200 × 4.5 = 600（元）

產生原因：甲材料用量差異 =（3,000－3,200）× 4.5

= －900（元）

甲材料價格差異 = 3,000×(5－4.5) = 1,500（元）

（2）乙材料成本差異 = 2,000×10－1,800×11 = 200（元）

產生原因：乙材料用量差異 =（2,000－1,800）×11

= 2,200（元）

乙材料價格差異 = 2,000×(10－11) = －2,000（元）

4. 解：

（1）固定製造費用標準分配率 = 8,000 ÷ 2,500 = 3.2

固定製造費用的成本差異 = 8,960－3,200 × 3.2 = －1,280（元）

（2）耗費差異 = 8,960－8,000 = 960（元）（不利差異）

生產能力利用差異 =（2,500－3,500）×3.2

= －3,200（元）（有利差異）

效率差異＝（3,500−3,200）×3.2＝960（元）（不利差異）

三項之和＝960−3,200＋960

　　　　＝−1,280（元）（固定製造費用的成本差異）

(五) 簡答題

答案（略）。

第九章 成本考核與審計

一、學習目的

通過本章學習,主要達到以下目的:
1. 瞭解成本考核與評價的意義,理解成本考核與評價的原則;
2. 掌握成本考核與評價的指標分類;
3. 掌握責任成本的特點及計算;
4. 掌握內部轉移價格的確定。

二、重點和難點

(一) 成本考核

1. 成本考核與評價的意義

成本考核是指定期考查審核成本目標實現情況和成本計劃指標的完成結果,全面評價成本管理工作的成績。成本考核的作用是,評價各責任中心特別是成本中心業績,促使各責任中心對所控制的成本承擔責任,並借以控制和降低各種產品的生產成本。成本考核與評價的意義在於:

(1) 評價企業生產成本預算、計劃的完成情況;

(2) 評價有關財經紀律和管理制度的執行情況；

(3) 激勵責任中心與全體員工的積極性。

2. 成本考核與評價的原則

(1) 以政策法令為依據；

(2) 以企業計劃為標準；

(3) 以完整可靠的資料、指標為基礎；

(4) 以提高經濟效益為目標。

3. 成本考核的範圍

企業內部的成本考核，可以根據企業下達的分級、分工、分人的成本計劃指標進行。按照分級、分工、分人建立責任中心，計算責任中心的責任成本。責任成本是指特定的責任中心所發生的耗費。為了正確計算責任成本，必須先將成本按已確定的經濟責權分管範圍分為可控成本和不可控成本。劃分可控成本和不可控成本，是計算責任成本的先決條件。所謂可控成本和不可控成本是相對而言的，是指產品在生產過程中所發生的耗費能否為特定的責任中心所控制。可控成本應符合三個條件：①能在事前知道將發生什麼耗費；②能在事中發生偏差時加以調節；③能在事後計量其耗費。三者都具備則為可控成本，缺一則為不可控成本。

4. 責任中心

(1) 責任中心

責任中心是指承擔一定經濟責任，並擁有相應管理權限和享受相應利益的企業內部責任單位的統稱。責任中心是為完成某種責任而設立的特定部門，其基本特徵是權、責、利相結合。

(2) 成本中心

一個責任中心，若不形成收入或者不對實現收入負責，而只對成本或費用負責，則稱這類責任中心為成本中心。成本中心有廣義和狹義之分。狹義的成本中心是對產品生產或提供勞動過程中的資源耗費承擔責任的責任中心。狹義的成本中心一般是指負責產品生產的生產部門及勞務提供部門。廣義的成本中心範圍較廣，除了狹義的成本中心以外，還包括那些生產性

的以控制經營管理費用為主的責任中心，即費用中心。

（3）責任成本的特點

①責任成本的含義

責任成本是指由特定的責任中心所發生的耗費。當將企業的經營責任層層落實到各責任中心后，就需對各責任中心發生的耗費進行核算，以正確反應各責任中心的經營業績，這種以責任中心為對象進行歸集的成本叫責任成本。

②責任成本的特點

責任成本的顯著特點為可控制性。所謂可控制是指產品在生產過程中所發生的耗費能否為特定的責任中心所控制。要達到可控制必須同時具備以下四個條件：一是可以預計。即責任中心能夠事先知道將發生哪些成本以及在何時發生。二是可以計量。即責任中心能夠對發生的成本進行計量。三是可以施加影響。即責任中心能夠通過自身的行為來調節成本。四是可以落實責任。即責任中心能夠將有關成本的控制責任分解落實，並進行考核評價。

③責任成本的計算

根據上述責任成本與產品成本之間的區別和聯繫，我們可以把責任成本和產品成本的計算模式簡單列作圖9-1所示。

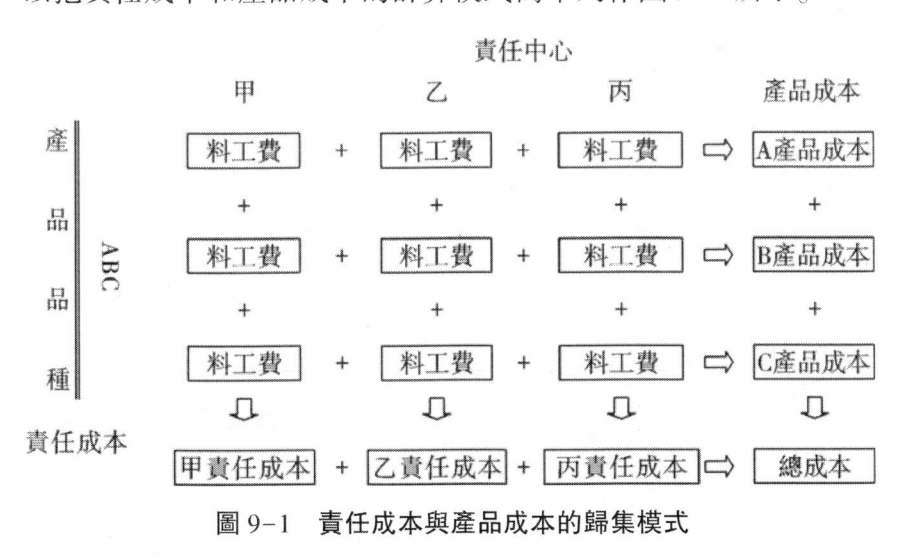

圖9-1　責任成本與產品成本的歸集模式

從圖 9-1 中以可看出，責任成本的計算與產品成本的計算是兩種不同的核算體系。產品成本以產品品種為歸集對象，將各種產品在各責任中心中所發生的料工費加總起來，就是生產該產品的生產成本。而責任成本則以各責任中心為歸集對象，將各責任中心為生產各種產品所發生的料工費加總起來，就構成責任成本。

(4) 內部轉移價格

內部轉移價格是指企業內部各責任中心之間相互提供中間產品或勞務時所採用的結算價格，也是進行內部責任轉移時使用的計價標準。常用的內部轉移價格主要有四種：

①市場價格

市場價格是以產品或勞務的市場供應價格作為計價基礎的。其理論基礎是：對於獨立的責任中心進行評價，就要看其在市場上的獲利能力。

②產品成本

以產品成本作為內部轉移價格。它是制定內部轉移價格的最簡單的方法。在管理會計中常常使用不同的成本概念，如實際成本、標準成本、變動成本等，它們對內部轉移價格的制定和各責任中心的業績考評將產生不同的影響。

第一，實際成本。以中間產品的生產成本作為其內部轉移價格，這種實際成本資料容易取得。

第二，實際成本加成。根據產品或勞務的實際成本，再加上一定的合理利潤作為計價基礎的優點是能保證銷售產品或勞務的單位有利可圖，可以調動他們的工作積極性。

第三，標準成本。以各中間產品的標準（預算）成本作為其內部轉移價格。

第四，變動成本。以變動成本作為內部轉移價格的目的是使部門決策合理化，避免內部轉移價格不當所導致的部門決策失誤。

③協商價格

協商價格就是由有關責任中心定期共同協商、確定一個雙

方均願意接受的價格，作為計價基礎。

④雙重價格

雙重價格就是對買方責任中心和賣方責任中心分別採用不同的轉移價格作為計價基礎。

5. 成本考核的指標

（1）按成本考核與評價的內容，成本考核指標可以分為以下幾個：

①實物指標和價值指標

實物指標是指從產品使用價值的角度出發，按照它的自然計量單位來表示的指標；價值指標是指以貨幣為統一尺度表現的指標，生產費用、產品成本、辦公費等指標都屬於成本考核所採用的價值性指標。在成本考核中，實物指標是基礎，價格指標是綜合反應。成本指標的完成情況需要把實物指標和價值指標結合起來才能全面地反應出來。

②數量指標和質量指標

數量指標是指可以以定量的形式表達的對某一方面的工作在指定範圍和指定時間內應達到的標準的指標；質量指標是反應一定時期工作質量和控制成本水平的指標。在成本考核中，有意識地將成本考核項目的數量指標和質量指標結合在一起，能幫助人們全面、準確地認識和掌握成本變化的規律。

③單項指標和綜合指標

單項指標是反應成本變化中單個事項變動情況的指標；綜合指標是概括反應某類成本事項的總體指標。單項指標是基礎，綜合指標一方面是對單項指標的概括和總結，另一方面是對事物更全面的總體表示。

（2）從考核與評價的對象來劃分，成本考核指標可以分為以下幾個：

①商品產品計劃總成本

商品產品包括可比產品和不可比產品，其成本控制標準都要編入成本計劃，規定商品產品的計劃總成本。該指標要通過實際執行結果與計劃比較進行考核。

②可比產品成本降低額和降低率

在編製成本計劃時,要規定可比產品的計劃成本降低額和降低率,因此,在成本考核中,也要將可比產品成本降低額、降低率列為考核內容,為其確定成本指標,並通過實際執行結果與計劃比較進行考核。

6. 成本考核的方法

(1) 行業內部考核指標

隨著市場經濟的建立和完善,雖然國家不再直接考核企業的成本水平,但行業之間的成本考核評比還是必要的。其指標包括以下幾項:

$$成本降低率 = \frac{標準總成本 - 實際總成本}{標準總成本}$$

標準總成本 = 報告期產品產量 × 標準單位成本

實際總成本 = 報告期產品產量 × 報告期實際單位成本

$$銷售收入成本率 = \frac{報告期銷售成本總額}{報告期銷售收入總額} \times 100\%$$

(2) 企業內部責任成本考核

$$責任成本差異率 = \frac{責任成本差異額}{標準責任成本總額} \times 100\%$$

其中,責任成本差異額是指實際責任成本與標準責任成本的差異。

$$責任成本降低率 = \frac{本期責任成本降低額}{上期責任成本總額} \times 100\%$$

(3) 成本考核的綜合評價

成本考核的綜合評價包括成本管理崗位工作考核,引入成本否決制的基本思想,與獎懲密切結合起來。

①成本管理崗位工作考核

這是會計工作達標考核標準的一部分,是對成本核算和管理人員工作內容、工作狀況、工作方式、工作態度及其工作業績的綜合評價。該項制度採取考核評分的形式,每個崗位以100分為滿分,達到60分以上為達標及格,不足60分為不及格。

②成本否決制與成本考核

成本否決是企業為了求得自身的不斷發展而採取的一種旨在制約、促進生產經營管理，提高經濟效益的手段。其主要內容和特點表現為：一是成本否決存在於生產經營的全過程，貫穿成本預測、決策、計劃、核算、分析中，涉及產品的設計、決策、生產、銷售等各個環節，具有時間上、空間上的前饋控制、過程控制、反饋控制。二是成本否決是一個動態循環過程，否決了生產成本，涉及原材料成本，否決了原材料成本，涉及原材料的採購成本，否決了原材料的採購成本，涉及採購計劃及其實施……從再生產過程來看，否決了銷售，涉及生產，否決了生產，涉及供應……從企業各個部門及有關人員的職責的完成情況上考核其工作業績，從供、產、銷的銜接及其制約上評價成本的升降情況，促使企業走上良性循環的軌道。三是成本否決是一個自我調節的過程：在產品決策階段，通過認真、科學的論證，選擇具有競爭力的產品，使其機會成本最低；在產品設計階段，利用價值工程等理論和方法，使產品的功能與其價值相匹配，使其達到優化，消除成本管理的「先天不足」問題；在材料採購階段，除控制採購費用外，盡量選擇功能相當、價格較低的代用材料，控制材料採購成本；在生產階段，通過生產工藝過程和產品結構的分析，嚴格定額管理，運用價值工程進行進一步管理控制；在銷售階段，加強包裝、運輸、銷售費用管理；在售后服務階段，加強產品服務管理，提高售后服務隊伍的職業道德和業務素質，降低外部故障成本，改善企業形象。

7. 成本考核與評價的程序

（1）編製和修訂責任成本預算

責任成本預算是根據預定的生產量、生產消耗標準和成本標準運用彈性預算方法編製的各責任中心的預定責任成本。責任成本預算是各責任中心業績控制和考核的重要依據。在編製責任成本預算時，應注意兩個方面：一是當實際的業務量與預定業務量不一致時，責任成本預算應按實際業務量予以調整以

正確評價經營業績；二是當企業和市場環境發生變化時，應不斷修訂產品生產消耗的標準成本，以不斷適應環境的變化，並正確評價責任中心的經營業績。

（2）確定成本評價指標

成本評價的指標主要集中於目標成本完成情況，包括目標成本節約額和目標成本節約率兩個指標。

①目標成本節約額

目標成本節約額是一個絕對數指標，它以絕對數形式反應目標成本的完成情況。這一指標的計算公式為：

目標成本節約額＝預算成本－實際成本

②目標成本節約率

目標成本節約率是一個相對數指標，它以相對數形式反應目標成本的完成情況。這一指標的計算公式為：

$$目標成本節約率=\frac{目標成本節約額}{目標成本}\times100\%$$

（3）業績評價

目標成本節約額和目標成本節約率兩指標相輔相成，因此評價一個責任中心的經營業績時必須綜合考核兩個指標的結果。但在實際工作中，還應考慮一些具體情況，例如，幾種產品耗用的材料是否相同；標準成本前次修訂時間的長短，因為如果標準成本很久沒修訂，就很難適應環境的變化，這樣以過時的標準來衡量現在的工作業績，就會失之偏頗；有無特殊情況或不可預計或不可控情況的發生。只有綜合考核了各個方面因素的影響，業績評價才能做到公正、合理，才能收到良好的效果。

5. 成本考核與評價的方法

成本評價要求責任者對所控制的成本負責任，同時與獎懲制度相結合，即企業應該實行目標責任成本制，用歸口管理的目標責任成本進行評價。企業內部的成本評價，一般是根據企業下達的分級、分工、分人的責任成本計劃指標進行。目前，我國大多數企業實行經濟責任制，把加強成本管理與經濟責任制結合起來，在企業內部實行責任會計制度，核算責任成本。

這樣，使可以改變過去以產品成本為評價中心的做法，代之以企業內部各經濟單位的責任成本為中心的評價體系，從而建立並推行責任成本制度，為成本評價提供更為直接的依據。

(二) 成本審計

1. 成本審計的內涵

成本審計是指對生產費用的發生、歸集和分配，以及產品成本計算的真實性、合法性和效益性的檢查監督，包括事前、事中和事後的成本審計。

(1) 事前成本審計主要是指審核成本預測的可靠性、成本決策和成本計劃的先進性和可行性。

(2) 事中成本審計是指日常審核有關成本的原始憑證和記帳憑證以及物資消耗、付款、轉帳業務的合法性和正確性。

(3) 事後成本審計是指通過對已經消耗、付款、轉帳的原始憑證、記帳憑證、帳簿、報表及書面資料的檢查，並通過實物的盤存和鑒定，使之合理、合法和正確。

2. 成本審計的意義

(1) 通過成本費用審計，可以監督企業按國家有關規定進行成本核算管理，糾正成本核算中出現的弊端，保證成本費用的合法性、真實性和正確性。

(2) 通過成本費用審計，可以幫助企業健全成本控制制度，提高成本管理和核算水平，降低產品成本並提高利潤。

(3) 通過成本費用審計，可以降低審計人員在企業財務報表審計中由於成本費用失真而導致的風險。

3. 成本審計的任務

(1) 審計成本費用計劃和定額的執行情況；

(2) 審計成本費用支出的真實性；

(3) 審計成本費用計算的合理性；

(4) 審計成本費用內部控制系統的健全有效性。

通過查明成本費用支出手續制度和分配系統中存在的各種漏洞缺陷，及時發現薄弱環節，促進企業生產技術和經營管理

水平的改進。

4. 成本審計的內容

審計人員可以依法對企業某會計期間發生的生產經營耗費按費用項目進行審計和對生產一定種類、一定數量的產品的製造成本按成本項目進行審計。

（1）產品成本一般包括直接材料、直接人工和製造費用三個組成部分，應從費用的歸集和分配兩個角度來進行審計。

（2）在本月產品沒有全部完工的情況下，產品成本的計算是否正確，既要審計生產費用在各種不同產品之間的分配、在不同期間的分配，又要審計生產費用在完工產品和在產品之間的分配，於是完工產品和在產品成本的審計就構成了成本審計的重要內容。

（3）期間費用包括營業費用、管理費用和財務費用，應審計是否遵循開支範圍，有無提高開支標準的現象。

（4）成本測試就是對成本計算方法的是否合理，成本計算數據是否正確，進行抽樣測定的一種審計方法。

（5）企業的成本報表，包括商品產品成本表、主要產品單位成本表和製造費用明細表，對這些報表的審查，主要看其數據計算是否正確、真實、完整。

5. 成本審計的方法

（1）對產品成本本期發生額的審查；
（2）對產成品和在產品的審查；
（3）期間費用審計；
（4）成本測試；
（5）對成本報表的檢查。

三、同步訓練

（一）單項選擇題

1. 下列各項中，適合在財務部設置責任中心的是

(　　)。
  A. 成本中心   B. 費用中心
  C. 利潤中心   D. 投資中心
 2. 下列各項中，屬於銷售部門的可控責任成本的是（　　）。
  A. 利息費用   B. 停工損失
  C. 廣告費用   D. 研發費用
 3. 下列各項中，屬於實物指標的是（　　）。
  A. 生產費用   B. 產品成本
  C. 辦公費   D. 材料消耗數量
 4. 下列各項中，不屬於責任成本基本特徵的是（　　）。
  A. 可以預計   B. 可以計量
  C. 可以控制   D. 可以對外報告
 5. 下列各項中，屬於企業在利用激勵性指標對責任中心進行定額控制時所選擇的控制標準是（　　）。
  A. 最高控制標準   B. 最低控制標準
  C. 平均控制標準   D. 彈性控制標準
 6. 下列各項中，屬於質量指標的是（　　）。
  A. 產量   B. 總成本
  C. 生產費用   D. 產品單位成本
 7. 某企業甲責任中心將 A 產品轉讓給乙責任中心時，廠內銀行按 A 產品的單位市場售價向甲支付價款，同時按 A 產品的單位變動成本從乙責任中心收取價款。據此，可以認為該項內部交易採用的內部轉移價格是（　　）。
  A. 市場價格   B. 協商價格
  C. 成本轉移價格   D. 雙重轉移價格
 8. 審核成本預測的可靠性、成本決策和成本計劃的先進性和可行性是（　　）。
  A. 事前成本審計   B. 事中成本審計
  C. 事后成本審計   D. 成本綜合審計
 9. 下列各項中，不屬於企業成本審計事項的是（　　）。

A. 成本測試　　　　　　B. 期間費用審計

C. 成本報表檢查　　　　D. 總經理任中審計

10. 下列表述中，不正確的是（　　）。

A. 廣義的成本中心即費用中心

B. 沒有一種適應各種使用目的的最佳內部轉移價格

C. 責任成本的計算與產品成本的計算是兩種不同的核算體系

D. 在成本考核與評價中，實物指標是基礎，價格指標是綜合反應

（二）多項選擇題

1. 下列各項中，屬於成本考核的原則有（　　）。

A. 以政策法令為依據

B. 以企業計劃為標準

C. 以提高經濟效益為目標

D. 以完整可靠的資料、指標為基礎

2. 下列各項中，可以作為內部轉移價格的有（　　）。

A. 市場價格　　　　　　B. 產品成本

C. 協商價格　　　　　　D. 雙重價格

3. 下列各項中，屬於產品成本審計的有（　　）。

A. 期間費用審計　　　　B. 直接材料審計

C. 直接人工審計　　　　D. 製造費用審計

4. 下列各項中，屬於綜合指標的有（　　）。

A. 全部生產費用　　　　B. 全部產品總成本

C. 可比產品成本降低率　D. 甲產品單位成本

5. 下列各項中，屬於企業事后成本審計的業務有（　　）。

A. 成本計劃審計　　　　B. 實物的盤存和鑒定

C. 領用時會計憑證審計　D. 報表及書面資料的檢查

6. 下列各項中，屬於成本報表檢查的有（　　）。

A. 利潤表　　　　　　　B. 產品成本表

C. 製造費用明細表　　　D. 主要產品單位成本表

7. 下列各項中，屬於對領料單的檢查應注意的事項有（　　）。

A. 領用的手續是否齊全

B. 領用的數量是否符合實際

C. 領料單上的材料是否為生產上所必須

D. 領料單有否塗改、材料分配是否合理

8. 下列各項中，屬於對材料價格的檢查應注意的事項有（　　）。

A. 材料採購的價格是否符合規定

B. 材料的計價方法是否一致，有無錯誤

C. 材料質量是否經過化驗分析，數量是否計量

D. 材料的批量採購是否節約資金，而又不影響正常生產

9. 下列各項中，屬於測試成本計算的正確性所採用的程序有（　　）。

A. 測試工資及費用成本

B. 測試主要原材料成本

C. 選定一種產品進行測試

D. 測試單位成本的計算是否正確

10. 下列各項中，屬於可比產品成本降低率的決定因素有（　　）。

A. 去年實際可比產品單位成本

B. 本年實際可比產品產量

C. 本年實際可比產品單位成本

D. 本年計劃可比產品產量

(三) 判斷題

1. 成本考核是指定期考查審核成本目標實現情況和成本計劃指標的完成結果，全面評價成本管理工作的成績。　（　　）

2. 狹義的成本中心包括那些生產性的以控制經營管理費用

為主的責任中心。( )

3. 責任中心是為完成某種責任而設立的特定部門，其基本特徵是權、責、利相結合。( )

4. 責任成本與產品成本是兩個完全相同的概念( )

5. 若不形成收入或者不對實現收入負責，而只對成本或費用負責，則稱這類責任中心為成本中心。( )

6. 市場價格是以產品或勞務的完全成本作為計價基礎的。( )

7. 雙重價格就是對買方責任中心和賣方責任中心分別採用不同的轉移價格作為計價基礎。( )

8. 實際成本加成根據產品或勞務的實際變動成本，再加上一定的合理利潤作為計價基礎的。( )

9. 成本審計是指對生產費用的發生、歸集和分配，以及產品成本計算的真實性、合法性和效益性的檢查監督。( )

10. 期間費用審計是企業整體成本費用審計與產品製造成本審計不相關聯的審計業務。( )

（四）思考題

1. 簡述成本考核的內涵。
2. 簡述成本考核的範圍與內容。
3. 簡述成本考核指標的分類。
4. 簡述成本考核的方法和程序。
5. 簡述成本審計的內涵。
6. 簡述成本審計的內容。
7. 簡述成本審計的方法。

（五）計算題

1. 某企業生存A、B、C三種產品，每種產品需經過甲、乙、丙三個生產部門加工，2005年7月份發生直接材料費253,000元、直接人工費86,000元、製造費用125,000元。根據有關原始憑證和費用分配表，計算各責任中心和各產品本月

成本（見表9-1）。

表9-1　　　　　　　　　　　　　　　　　　　　　　單位：元

成本項目	合計	責任成本			產品成本		
		甲	乙	丙	A	B	C
直接材料	253,000	131,000	75,000	47,000	68,000	94,000	91,000
直接人工	86,000	35,000	20,000	31,000	23,000	18,000	45,000
製造費用	125,000	59,000	36,000	30,000	42,000	51,000	32,000
總成本	464,000	225,000	131,000	108,000	133,000	163,000	168,000

如果甲、乙、丙三個責任中心的責任成本預算分別為210,000元、140,000元和100,000元，不考慮其他因素。要求計算三個責任中心的目標成本節約額和節約率（預算完成率）

2. 某企業2014年度財務決算時發現，12月份生產用房屋1號樓少提折舊10,000元。假設生產成本、產成品、產品銷售成本均為實際發生額時，企業有以下幾種情況：

（1）生產成本無餘額，全部完工轉入產成品，且產成品全部售出，調整產品銷售成本。該企業生產A、B、C三種產品，通過計算，A產品為5,000元，B產品為3,000元，C產品為2,000元。

（2）生產成本無餘額，全部完工轉入產成品，產成品部分銷售，調整產成品和產品銷售成本。

如資料（1），完工A產品銷售3/5即3,000元，完工B產品銷售2/5即1,200元，完工C產品銷售3/5即1,200元。

（3）生產成本有餘額2,000元，部分完工轉入產成品，產成品全部售出，調整生產成本和產品銷售成本。如少提10,000元折舊，經過計算轉入產成品A 4,000元，產成品B 3,000元，產成品C 1,000元。調整如下：

（4）生產成本有餘額，部分完工轉入產成品，產成品部分售出，調整生產成本、產成品和產品銷售成本。如資料（3）中，完工的產成品A銷售1/2即2,000元，產成品B銷售1/2即1,500元，產成品C銷售1/2即500元。

(5) 不考慮其他因素。

要求：編製以上四種情況下業務調整的會計分錄。

四、同步訓練答案

(一) 單項選擇題

1. B   2. C   3. D   4. D   5. B   6. D
7. D   8. A   9. D   10. A

(二) 多項選擇題

1. ABCD   2. ABCD   3. BCD   4. ABC   5. BD
6. BCD   7. ABCD   8. ABCD   9. ABCD   10. ABC

(三) 判斷題

1. √   2. ×   3. √   4. ×   5. √   6. ×
7. √   8. ×   9. √   10. ×

(四) 計算題

1. 解：

(1) 甲責任中心目標成本節約額 = 210,000 - 225,000
　　　　　　　　　　　　　　 = -15,000（元）

甲責任中心目標成本節約率 = 225,000 ÷ 210,000
　　　　　　　　　　　　 = 107.14%

(2) 乙責任中心目標成本節約額 = 140,000 - 131,000
　　　　　　　　　　　　　　 = 6,900（元）

乙責任中心目標成本節約率 = 131,000 ÷ 140,000
　　　　　　　　　　　　 = 93.57%

(3) 丙責任中心目標成本節約額 = 100,000 - 108,000
　　　　　　　　　　　　　　 = -8,000（元）

丙責任中心目標成本節約率 = 108,000 ÷ 100,000 = 108%

2. 某企業 2014 年度財務決算時發現，12 月份生產用房屋 1 號樓少提折舊 10,000 元。假設生產成本、產成品、產品銷售成本均為實際發生額時，企業有以下幾種情況：

(1) 調整如下：

 借：產品銷售成本——A 產品   5,000
       ——B 產品   3,000
       ——C 產品   2,000
  貸：累計折舊——房屋——1 號樓   10,000
 借：本年利潤   10,000
  貸：產品銷售成本——A 產品   5,000
      ——B 產品   3,000
      ——C 產品   2,000

(2) 調整如下：

 借：產成品——A 產品   2,000
    ——B 產品   1,800
    ——C 產品   800
  產品銷售成本——A 產品   3,000
       ——B 產品   1,200
       ——C 產品   1,200
  貸：累計折舊——房屋——1 號樓   10,000
 借：本年利潤   5,400
  貸：產品銷售成本——A 產品   3,000
      ——B 產品   1,200
      ——C 產品   1,200

(3) 調整如下：

 借：生產成本   2,000
  產品銷售成本——A 產品   4,000
       ——B 產品   3,000
       ——C 產品   1,000
  貸：累計折舊——房屋——1 號樓   10,000
 借：本年利潤   8,000

貸：產品銷售成本——A 產品	4,000
——B 產品	3,000
——C 產品	1,000

（4）調整如下：

借：生產成本	2,000
產成品——A 產品	2,000
——B 產品	1,500
——C 產品	500
產品銷售成本——A 產品	2,000
——B 產品	1,500
——C 產品	500
貸：累計折舊——房屋——1 號樓	10,000
借：本年利潤	4,000
貸：產品銷售成本——A 產品	2,000
——B 產品	1,500
——C 產品	500

（五）思考題

答案（略）。

綜合訓練題一

試題

一、單項選擇題

1. 下列各項中，屬於混合成本的是（　　）
   A. 折舊　　　　　　　　B. 直接人工
   C. 直接材料　　　　　　D. 管理費用

2. 下列各項中，不能作為「製造費用」分配依據的是（　　）。
   A. 直接薪酬　　　　　　B. 生產工時
   C. 機器工時　　　　　　D. 生產工人人數

3. 分配輔助生產費用時，下列各項中，不需要計算產品或勞務的費用分配率的方法是（　　）。
   A. 直接分配法　　　　　B. 交互分配法
   C. 代數分配法　　　　　D. 計劃成本分配法

4. 下列各項中，屬於區分各種不同傳統成本計算法的標誌是（　　）。
   A. 成本計算期　　　　　　B. 成本計算對象
   C. 橫向生產費用劃分方法　D. 縱向生產費用劃分方法

5. 下列各項中，對作業成本法表述不正確的是（　　）。

A. 是成本核算方法之一

B. 以作業來管理成本

C. 以作業為紐帶進行直接成本的分配

D. 以作業為紐帶進行共同、聯合成本的分配

6. 下列各項中，適用於產品成本計算的分類法計算成本的是（　　）。

A. 品種、規格繁多的產品

B. 可以按照一定標準分類的產品

C. 只適用於大量大批生產的產品

D. 品種、規格繁多，而且可以按照一定標準分類的產品

7. 下列各項中，關於成本報表性質的表述，正確的是（　　）。

A. 對內報表

B. 對外報表

C. 既是對內報表，又是對外報表

D. 對內或對外，由企業自行決定

8. 某企業每月固定成本 2,000 元，單價 20 元，計劃銷售產品 500 件，欲實現目標利潤 1,000 元，其單位變動成本為（　　）元。

A. 12　　　　　　　　B. 13
C. 14　　　　　　　　D. 15

9. 下列各項中，屬於預算在執行過程中自動延伸，使預算期永遠保持在一年的預算方法是（　　）。

A. 固定預算　　　　　B. 滾動預算
C. 彈性預算　　　　　D. 概率預算

10. 下列各項中，屬於銷售部門的可控責任成本的是（　　）。

A. 利息費用　　　　　B. 停工損失
C. 廣告費用　　　　　D. 研發費用

二、多項選擇題

1. 下列各項中，屬於西方經濟學範疇的成本有（　　）。
   A. 不變資本　　　　　　B. 可變成本
   C. 交易費用　　　　　　D. 機會成本

2. 下列各項中，屬於正確計算產品成本應該正確劃分的費用界限有（　　）。
   A. 生產費用與經營管理費用的界限
   B. 完工產品和在產品成本的界限
   C. 各月份的費用界限
   D. 各種產品的費用界限

3. 下列各項中，屬於生產費用按經濟內容分類的項目有（　　）。
   A. 外購材料　　　　　　B. 直接人工
   C. 折舊費　　　　　　　D. 製造費用

4. 下列各項中，屬於產品成本計算的基本方法的有（　　）。
   A. 品種法　　　　　　　B. 分批法
   C. 分步法　　　　　　　D. 分類法

5. 下列各項中，屬於作業成本法基本概念的有（　　）。
   A. 資源　　　　　　　　B. 作業
   C. 成本動因　　　　　　D. 成本對象

6. 下列各項中，屬於類內不同品種規格、型號產品之間成本分配的標準有（　　）。
   A. 定額總費用　　　　　B. 定額耗用總量
   C. 產品重量、體積　　　D. 產品編號順序

7. 下列各項中，屬於製造企業成本報表的有（　　）。
   A. 製造費用明細表　　　B. 主要產品單位成本表
   C. 全部產品生產成本表　D. 各種期間費用明細表

8. 當企業處於保本狀態時，下列說法正確的有（　　）。
   A. 利潤為零　　　　　　B. 貢獻毛益等於固定成本

C. 銷售收入等於銷售成本　D. 固定成本等於目標利潤

9. 下列各項中，屬於成本計劃的編製形式的有（　　　）。
　　A. 一級編製形式　　　　B. 二級編製形式
　　C. 多級編製形式　　　　D. 一級分級相結合形式

10. 下列各項中，可以作為內部轉移價格的有（　　　）。
　　A. 市場價格　　　　　　B. 產品成本
　　C. 協商價格　　　　　　D. 雙重價格

三、判斷題

1. 從理論上講，成本是商品生產中耗費的活勞動和物化勞動的貨幣表現。　　　　　　　　　　　　　　　（　　）

2. 企業所有產品均需要在月末將其生產費用的累計數在完工產品與在產品之間進行分配。　　　　　　　（　　）

3. 各月末在產品數量變化不大的產品，可以不計算月末在產品成本。　　　　　　　　　　　　　　　　（　　）

4. 簡化的分批法也叫做不分批計算在產品成本分批法。
　　　　　　　　　　　　　　　　　　　　　　　（　　）

5. 作業是對成本進行分配和歸集的基礎，因而是作業成本法的核心。　　　　　　　　　　　　　　　　（　　）

6. 分類法不是成本計算的基本方法，它與企業生產類型沒有直接關係。　　　　　　　　　　　　　　　（　　）

7. 主要產品單位成本表中的一些數字，可以在全部產品生產成本表中找到。　　　　　　　　　　　　　（　　）

8. 定性預測法與定量預測法在實際應用中是相互排斥的。
　　　　　　　　　　　　　　　　　　　　　　　（　　）

9. 直接材料標準成本根據直接材料用量標準和直接材料標準價格計算。　　　　　　　　　　　　　　　（　　）

10. 責任中心是為完成某種責任而設立的特定部門，其基本特徵是權、責、利相結合。　　　　　　　　（　　）

四、計算題

1. 某工業企業某月份應付職工薪酬總額為 115,000 元。其中：基本生產車間生產工人的薪酬為 84,000 元，本月生產甲、乙兩種產品，甲、乙產品的生產工時分別為 45,000 小時和 30,000 小時；輔助生產車間生產工人的薪酬為 8,000 元；基本生產車間管理人員的薪酬為 8,000 元；輔助生產車間管理人員的薪酬為 2,000 元；行政管理人員的薪酬為 12,000 元；專設銷售機構人員的薪酬為 5,000 元。由於該企業輔助生產規模不大因而不單獨歸集輔助生產的製造費用，不考慮其他因素。

要求：

（1）按生產工時比例分配基本生產車間生產工人的薪酬；

（2）編製月末分配職工薪酬費的會計分錄。

2. 某企業設供電、運輸兩個輔助車間。本月發生的輔助生產費用及提供的勞務量如下表：

表 1

輔助生產車間名稱		供電車間	運輸車間
待分配費用		10,800 元	6,000 元
提供勞務數量		9,000 度	12,000 千米
耗用勞務數量	供電車間		750 千米
	運輸車間	1,500 度	
	基本車間產品耗用	4,000 度	
	基本車間一般性耗用	3,000 度	11,000 千米
	行政管理部門	500 度	250 千米

不考慮其他因素。

要求：

（1）用交互分配法分配輔助車間的費用，要求列出分配率計算過程並將分配結果填入分配表中；

（2）編製相應的會計分錄。

表 2　　　　　輔助生產費用分配表（交互分配法）　　金額單位：元

項　目	交互分配				對外分配				金額合計
	供電車間		運輸車間		供電車間		運輸車間		
	數量	金額	數量	金額	數量	金額	數量	金額	
待分配費用									
勞務供應量									
費用分配率									
受益對象									
供電車間									
運輸車間									
基本車間　產品生產									
一般耗用									
行政管理部門									
合計									

3. 已知：M 企業尚有一定閒置設備臺時，擬用於開發一種新產品，現有 A、B 兩個品種可供選擇。A 品種的單價為 110 元/件，單位變動成本為 60 元/件，單位產品臺時消耗定額為 2 小時/件，此外，還需消耗甲材料，其單耗定額為 5 千克/件；B 品種的單價為 120 元/個，單位變動成本為 40 元/個，單位產品臺時消耗定額為 8 小時/個，甲材料的單耗定額為 2 千克/個。假定甲材料的供應不成問題，不考慮其他因素。

要求：用單位資源貢獻邊際分析法做出開發那種品種的決策，並說明理由。

4. 某企業生產產品需要兩種材料，有關資料如下：

表3

材料名稱	甲材料	乙材料
實際用量	3,000 千克	2,000 千克
標準用量	3,200 千克	1,800 千克
實際價格	5 元/千克	10 元/千克
標準價格	4.5 元/千克	11 元/千克

要求：不考慮其他因素，分別計算兩種材料的成本差因，分析差異產生的原因。

五、綜合題

某企業生產乙產品需經過第一車間、第二車間連續加工完成，第一車間完工的乙半成品直接轉到第二車間加工。兩個車間月末在產品均按定額成本計算。有關成本資料見所附產品成本計算單，不考慮其他因素。

要求：

（1）採用逐步綜合結轉分步法計算產成品成本（結果直接填入所附產品成本計算單）；

（2）進行成本還原（填入所附產品成本還原表，還原率保留小數點后3位）。

表4　　　　　　　　第一車間產品成本計算單

產品品種：乙半成品　　　　　　　　　　　　　　　單位：元

項目	直接材料	直接人工	製造費用	合計
期初在產品（定額成本）	12,000	4,000	5,000	21,000
本月發生費用	60,000	20,000	15,000	95,000
生產費用合計				
完工產品成本				
期末在產品（定額成本）	8,000	2,500	4,500	15,000

表5　　　　　　　　　　第二車間產品成本計算單

產品品種：乙半成品　　　　　　　　　　　　　　　　　　單位：元

項目	直接材料	直接人工	製造費用	合計
期初在產品（定額成本）	20,000	10,000	6,000	36,000
本月發生費用		15,000	20,000	
生產費用合計				
完工產品成本				
期末在產品（定額成本）	10,000	4,000	3,000	17,000

表6　　　　　　　　　　成本還原計算表　　　　　　　　　　單位：元

項目	還原率	自製半成品	直接材料	直接人工	製造費用	合計
還原前產成品成本						
本月所產半成品成本						
半成品成本還原						
還原后產成品成本						

還原分配率＝

答案

一、單項選擇題

題號	1	2	3	4	5	6	7	8	9	10
答案	D	D	D	B	C	D	A	C	B	C

二、多項選擇題

題號	1	2	3	4	5
答案	CD	ABCD	AC	ABC	ABCD
題號	6	7	8	9	10
答案	ABC	ABCD	ABC	ACD	ABCD

三、判斷題

題號	1	2	3	4	5	6	7	8	9	10
答案	√	×	×	√	√	√	√	×	√	√

四、計算題

1. (1) 直接人工費用分配率
   $= 84,000 \div (45,000+30,000)$
   $= 1.12$
   甲產品應負擔的直接人工費用 $= 45,000 \times 1.12$
   $= 50,400$（元）
   乙產品應負擔的直接人工費用 $= 3,000 \times 1.12$
   $= 33,600$（元）

   (2) 借：生產成本——基本生產成本——甲產品
               50,400
           ——乙產品
                 33,600
     生產成本——輔助生產成本 10,000
     製造費用——基本車間   8,000
     管理費用   12,000
     銷售費用   5,000
    貸：應付職工薪酬——工資   119,000

2. 解答：(1) 填表：

表7 輔助生產費用分配表（交互分配法） 金額單位：元

項 目	交互分配				對外分配				金額合計
	供電車間		運輸車間		供電車間		運輸車間		
	數量	金額	數量	金額	數量	金額	數量	金額	
待分配費用		10,800		6,000		9,375		7,425	16,800
勞務供應量	9,000		12,000		7,500		11,250		

表7(續)

項　目	交互分配				對外分配				金額合計
	供電車間		運輸車間		供電車間		運輸車間		
	數量	金額	數量	金額	數量	金額	數量	金額	
分配率		1.2		0.5		1.25		0.66	
受益對象									
供電車間			750	375					375
運輸車間	1,500	1,800							1,800
基本車間　產品生產					4,000	5,000			5,000
一般耗用					3,000	3,750	11,000	7,260	11,010
行政部門					500	625	250	165	790
合計		1,800		375		9,375		7,425	18,975

供電車間交互分配率 = 10,800÷9,000 = 1.2

運輸車間交互分配率 = 6,000÷12,000 = 0.5

供電車間對外分配率 =（10,800+375−1,800）÷7,500
　　　　　　　　　= 1.25

運輸車間對外分配率 =（6,000+1,800−375）÷11,250
　　　　　　　　　= 0.66

會計分錄：

(1)

借：生產成本——輔助生產成本——供電車間　　375
　　　　　　　　　　　　　　　——運輸車間　1,800
　貸：生產成本——輔助生產成本——供電車間　1,800
　　　　　　　　　　　　　　　——運輸車間　　375

(2)

借：生產成本——基本生產成本　　　　　　　5,000
　　製造費用——基本車間　　　　　　　　　11,010
　　管理費用　　　　　　　　　　　　　　　　790
　貸：生產成本——輔助生產成本——供電車間　9,375
　　　　　　　　　　　　　　　——運輸車間　7,425

3. 解：開發 A 品種時可獲得的單位資源貢獻邊際
　　　＝（110-60）／2＝25（元／小時）
開發 B 品種時可獲得的單位資源貢獻邊際
＝（120-40）／8＝10（元／小時）
因為 25>10，所以開發 A 品種比開發 B 品種更有利。
決策結論：應當開發 A 品種。

4. 解：
(1) 甲材料成本差異＝3,000×5-3,200×4.5
　　　　　　　　＝600（元）
產生原因：甲材料用量差異＝（3,000-3,200）×4.5
　　　　　　　　　　　　＝-900（元）
甲材料價格差異＝3,000×（5-4.5）
　　　　　　　＝1,500（元）
(2) 乙材料成本差異＝2,000×10-1,800×11
　　　　　　　　＝200（元）
產生原因：乙材料用量差異＝（2,000-1,800）×11
　　　　　　　　　　　　＝2,200（元）
乙材料價格差異＝2,000×（10-11）＝-2,000（元）

五、綜合題

解：

表 8　　　　　　　第一車間產品成本計算單
產品品種：乙半成品　　　　　　　　　　　　　　單位：元

項目	直接材料	直接人工	製造費用	合計
期初在產品（定額成本）	12,000	4,000	5,000	21,000
本月發生費用	60,000	20,000	15,000	95,000
生產費用合計	72,000	24,000	20,000	116,000
完工產品成本	64,000	21,500	15,500	101,000
期末在產品（定額成本）	8,000	2,500	4,500	15,000

表9　　　　　　　　　　二車間產品成本計算單

產品品種：乙半成品　　　　　　　　　　　　　　　　　　　單位：元

項目	直接材料	直接人工	製造費用	合計
期初在產品（定額成本）	20,000	10,000	6,000	36,000
本月發生費用	101,000	15,000	20,000	136,000
生產費用合計	121,000	25,000	26,000	172,000
完工產品成本	111,000	21,000	23,000	155,000
期末在產品（定額成本）	10,000	4,000	3,000	17,000

表10　　　　　　　　　　成本還原計算表　　　　　　　　　　單位：元

項目	自製半成品	直接材料	直接人工	製造費用	合計
還原前產成品成本	111,000		21,000	23,000	155,000
本月所產半成品成本		64,000	21,500	15,500	101,000
半成品成本還原	-111,000	70,336	23,629	17,035	0
還原后產成品成本		70,336	44,629	40,035	155,000

還原分配率 = 111,000 ÷ 101,000 = 1.099

綜合訓練題二

試題

一、單項選擇題

1. 下列各項中，屬於成本管理會計的最基本的職能是（　　）
    A. 成本策劃　　　　　B. 成本核算
    C. 成本控制　　　　　D. 業績評價

2. 下列各項中，適合採用不計算在產品成本法在完工產品和在產品之間分配費用的情況是（　　）。
    A. 各月末在產品數量變化大
    B. 各月末在產品數量較多
    C. 各月末在產品數量很少
    D. 各月末在產品數量變化小

3. 下列各項中，不能作為兩種或兩種以上產品「共耗材料」分配依據的是（　　）。
    A. 產品重量　　　　　B. 產品體積
    C. 直接薪酬　　　　　D. 產品性能

4. 下列各項中，屬於分類法成本計算對象的是（　　）。
    A. 產品品種　　　　　B. 產品類別

C. 產品批次　　　　　　D. 產品生產步驟

5. 下列各項中，屬於直接人工成本項目歸屬的作業類別是（　　）。

　　　A. 單位作業　　　　　　B. 批別作業
　　　C. 產品作業　　　　　　D. 過程作業

6. 下列各項中，關於採用分類法目的的表述，正確的是（　　）。

　　　A. 分類計算產品成本
　　　B. 準確計算各種產品的成本
　　　C. 簡化各種產品的成本計算工作
　　　D. 簡化各類產品的成本計算工作

7. 下列各項中，不屬於成本報表的是（　　）。

　　　A. 現金流量表　　　　　B. 製造費用明細表
　　　C. 全部產品生產成本表　D. 主要產品單位成本表

8. 下列各項中，屬於定量預測法的是（　　）。

　　　A. 調查研究判斷法　　　B. 迴歸預測法
　　　C. 主觀概率法　　　　　D. 類推法

9. 下列各項中，屬於實務中確定「例外」的標準通常考慮的標誌是（　　）。

　　　A. 一致性　　　　　　　B. 異常性
　　　C. 獨立性　　　　　　　D. 特殊性

10. 下列各項中，屬於實物指標的是（　　）。

　　　A. 生產費用　　　　　　B. 產品成本
　　　C. 辦公費　　　　　　　D. 材料消耗數量

二、多項選擇題

1. 下列各項中，屬於成本的經濟實質有（　　）。

　　　A. 已耗費生產資料的轉移價值
　　　B. 勞動者為自己勞動創造的價值
　　　C. 勞動者為社會勞動創造的價值
　　　D. 企業在生產過程中耗費的資金總和

2. 根據工資結算匯總表和直接人工費用分配表進行分配結轉工資費用的帳務處理時，會計分錄中對應的下列借方科目有（　　　　）。
　　A. 生產成本　　　　　　B. 製造費用
　　C. 財務費用　　　　　　D. 管理費用

3. 下列各項中，考慮了輔助生產單位之間交互分配費用的方法有（　　　　）。
　　A. 交互分配法　　　　　B. 代數分配法
　　C. 直接分配法　　　　　D. 計劃成本分配法

4. 下列各項中，屬於廣義在產品的有（　　　　）。
　　A. 生產單位正在加工中的在製品
　　B. 加工已告一段落的自製半成品
　　C. 存放在半成品庫裡的自製半成品
　　D. 已完成銷售的自製半成品

5. 下列各項中，屬於企業業務層次和範圍的作業類別有（　　　　）。
　　A. 單位水平作業　　　　B. 批別水平作業
　　C. 產品水平作業　　　　D. 支持水平作業

6. 下列產品中可以作為同一個成本核算對象的有（　　　　）。
　　A. 燈泡廠同一類別不同瓦數的燈泡
　　B. 煉油廠同時生產出的汽油、柴油、煤油
　　C. 機床廠各車間同時生產的車床、刨床、銑床
　　D. 無線電元件廠同一類別不同規格的無線電元件

7. 下列各項中，屬於主要產品單位成本表反應的單位成本的項目有（　　　　）。
　　A. 本月實際　　　　　　B. 歷史先進水平
　　C. 本年計劃　　　　　　D. 同行業同類產品實際

8. 下列關於邊際貢獻總額的計算公式中，正確的有（　　　　）。
　　A. 邊際貢獻＝固定成本＋利潤
　　B. 邊際貢獻＝銷售收入－固定成本

C. 邊際貢獻＝銷售收入－變動成本

D. 邊際貢獻＝（銷售價格－單位變動成本）×銷售數量

9. 下列各項中，屬於產品標準成本構成的有（　　　　）。

A. 直接材料標準成本　　　B. 直接人工標準成本

C. 變動製造費用標準成本　D. 固定製造費用標準成本

10. 下列各項中，屬於產品成本審計的有（　　　　）。

A. 期間費用審計　　　　　B. 直接材料審計

C. 直接人工審計　　　　　D. 製造費用審計

三、判斷題

1. 會計學的成本概念更強調成本的計量屬性，必須是可計量和可用貨幣表示的。（　　）

2. 採用月末在產品按定額成本計價法時，月末在產品定額成本與其實際成本的差異，由完工產品成本承擔。（　　）

3. 在生產車間只生產一種產品的情況下，所有的生產費用均為直接計入費用。（　　）

4. 綜合結轉分步法能夠提供各個生產步驟的半成品成本資料，而分項結轉分步法則不能提供半成品成本資料。（　　）

5. 產品水平作業成本，與數量和批量成正比例變動，與生產產品的品種數成反比例變動。（　　）

6. 分類法應以各種產品品種作為成本核算對象。（　　）

7. 成本報表一般只向企業經營管理者提供信息。（　　）

8. 成本性態是指產量變動與其相應的成本變動之間的內在聯繫。（　　）

9. 作為計算直接人工標準成本的效率標準，必須是直接人工薪酬率。（　　）

10. 責任成本與產品成本是兩個完全相同的概念（　　）

四、計算題

1. 某企業生產 A、B 兩種產品，本月產量分別為 150 臺和 280 臺；本月兩種產品共同耗用的材料 2,088 千克，單價 22 元，

共計 45,936 元。A 產品的材料消耗定額為 6 千克，B 產品的材料消耗定額為 3 千克，不考慮其他因素。

要求：分別按定額消耗量比例法和定額費用比例法分配材料費用。

2. 某產品經兩道工序完工，其月初在產品與本月發生的直接人工之和為 255,000 元，該月完工產品 600 件。該產品的工時定額為：第一工序 30 小時，第二工序 20 小時。月末在產品數量分別為：第一工序 300 件，第二工序 200 件。各工序在產品在本工序的完工程度均按 50% 計算，不考慮其他因素。

要求：

（1）計算該產品月末在產品的約當產量；

（2）按約當產量比例分配計算完工產品和月末在產品的直接人工。

3. 已知：N 生產企業每年生產 1,000 件甲半成品。其單位完全生產成本為 18 元（其中單位固定性製造費用為 2 元），直接出售的價格為 20 元。企業目前已具備將 80% 的甲半成品深加工為乙產成品的能力，但每深加工一件甲半成品需要追加 5 元變動性加工成本。乙產成品的單價為 30 元。假定乙產成品的廢品率為 1%，不考慮其他因素。

要求：請考慮以下不相關的情況，用差別損益分析法為企業做出是否深加工甲半成品的決策，並說明理由。

（1）深加工能力無法轉移；

（2）深加工能力可用於承攬零星加工業務，預計可獲得貢獻邊際 4,000 元；

（3）深加工能力無法轉移，如果追加投入 5,000 元專屬成本，可使深加工能力達到 100%，並使廢品率降低為零。

4. 某企業生存 A、B、C 三種產品，每種產品需經過甲、乙、丙三個生產部門加工，2005 年 7 月份發生直接材料費 253,000 元、直接人工費 86,000 元、製造費用 125,000 元。根據有關原始憑證和費用分配表，計算各責任中心和各產品本月成本（見表 1）。

表 1　　　　　　　　　　　　　　　　　　　　　　　　單位：元

成本項目	合計	責任成本			產品成本		
		甲	乙	丙	A	B	C
直接材料	253,000	131,000	75,000	47,000	68,000	94,000	91,000
直接人工	86,000	35,000	20,000	31,000	23,000	18,000	45,000
製造費用	125,000	59,000	36,000	30,000	42,000	51,000	32,000
總成本	464,000	225,000	131,000	108,000	133,000	163,000	168,000

如果甲、乙、丙三個責任中心的責任成本預算分別為 210,000 元、140,000 元和 100,000 元，不考慮其他因素。

要求：計算三個責任中心的目標成本節約額和節約率（預算完成率）。

五、綜合題

某企業生產 B 產品，經過二個生產步驟連續加工。第一步驟生產的 A 半成品直接交給第二步驟加工，第二步驟生產出產成品 B。第一、二步驟月末在產品數量分別為 20 件、40 件，原材料生產開始時一次投入，加工費用在本步驟的完工程度按 50% 計算，各步驟的生產費用合計採用約當產量法進行分配。有關資料見所附「產品成本計算單」，不考慮其他因素。

要求：採用逐步分項結轉分步法計算產品成本，並填列各步驟產品成本計算單。

表 2　　　　　　　產品成本計算單

第一步驟：A 半成品　　　　　　　　　　　　完工量：80 件

項　目	直接材料	直接人工	製造費用	合計
月初在產品成本	27,000	4,800	6,000	37,800
本月發生生產費用	64,800	15,000	17,400	97,200
合計				
完工產品數量	80	80	80	
在產品約當產量				

表2(續)

項　目	直接材料	直接人工	製造費用	合計
總約當產量				
分配率				
完工A半成品成本				
月末在產品成本				

（1）直接材料費用分配率＝

（2）直接人工分配率＝

（3）製造費用分配率＝

表3　　　　　　　　　　產品成本計算單

第二步驟：B 產品　　　　　　　　　　　　　　完工量：70 件

項　目	直接材料	直接人工		製造費用		合計
		上一步轉入	本步發生	上一步轉入	本步發生	
月初在產品成本	23,360	2,970	2,700	2,850	3,990	35,870
本月發生費用			18,000		18,150	36,150
本月轉入的半成品成本						
合計						
完工產品數量	70	70	70	70	70	
在產品約當產量						
總約當產量						
分配率						
完工B產品成本						
月末在產品成本						

（1）直接材料分配率＝

（2）直接人工分配率

①上一步轉入＝

②本步發生＝

(3) 製造費用分配率

①上一步轉入＝

②本步發生＝

答案

一、單項選擇題

題號	1	2	3	4	5	6	7	8	9	10
答案	B	C	D	B	A	C	A	B	D	D

二、多項選擇題

題號	1	2	3	4	5
答案	AB	ABD	ABD	ABC	ABCD
題號	6	7	8	9	10
答案	ABD	ABC	ACD	ABCD	BCD

三、判斷題

題號	1	2	3	4	5	6	7	8	9	10
答案	√	√	√	×	×	×	√	√	×	×

四、計算題

1. 解：(1) 原材料費用分配率＝45,936÷(150×6+280×3)

＝45,936÷1,740＝26.4

A產品應負擔的原材料費用＝150×6×26.4＝23,760（元）

B產品應負擔的原材料費用＝280×3×26.4＝22,176（元）

(2) 原材料費用分配率＝45,936÷(150×6×22+280×3×22)

＝1.2

A 產品應負擔的原材料費用 = 150×6×22×1.2 = 23,760（元）
B 產品應負擔的原材料費用 = 280×3×22×1.2 = 22,176（元）

2. 解：（1）第一工序（全過程）完工程度
$$= 30×0.5÷50$$
$$= 30\%$$
第二工序完工程度 =（30+20×0.5）÷50 = 80%
月末在產品約當產量 = 300×30% + 200×80%
$$= 90+160 = 250（件）$$
（2）分配率 = 255,000÷（600+250）= 300（元/件）
完工產品負擔的直接人工 = 300×600 = 180,000（元）
月末在產品負擔的直接人工 = 255,000 − 180,000
$$= 75,000（元）$$

3. 解：（1）差別損益分析表

表 4

	將 80% 的甲半成品深加工為乙產成品	直接出售 80% 的甲半成品	差異額
相關收入	30×800×99% = 23,760	20×800 = 16,000	+7,760
相關成本合計	4,000	0	+4,000
其中：加工成本	5×800 = 4,000	0	
差別損益			+3,760

決策結論：應當將 80% 的甲半成品深加工為乙產成品，這樣可以使企業多獲得 3,760 元的利潤。

（2）差別損益分析表

表 5

	將 80% 的甲半成品深加工為乙產成品	直接出售 80% 的甲半成品	差異額
相關收入	30×800×99% = 23,760	20×800 = 16,000	+7,760
相關成本合計	8,000	0	+8,000
其中：加工成本	5×800 = 4,000	0	
機會成本	4,000	0	
差別損益			−240

決策結論：不應當將 80% 的甲半成品深加工為乙產成品，否則將使企業多損失 240 元的利潤。

（3）差別損益分析表

表6

	將全部甲半成品深加工為乙產成品	直接出售甲半成品	差異額
相關收入	30×1,000=30,000	20×1,000=20,000	+10,000
相關成本合計	10,000	0	+10,000
其中：加工成本	5×1,000=5,000	0	
專屬成本	5,000	0	
差別損益			0

決策結論：兩方案任選其一。

4. 解：

（1）甲責任中心目標成本節約額＝210,000－225,000
　　　　　　　　　　　　　　＝－15,000（元）

甲責任中心目標成本節約率＝225,000÷210,000＝107.14%

（2）乙責任中心目標成本節約額＝140,000－131,000
　　　　　　　　　　　　　　＝6,900（元）

乙責任中心目標成本節約率＝131,000÷140,000＝93.57%

（3）丙責任中心目標成本節約額＝100,000－108,000
　　　　　　　　　　　　　　＝－8,000（元）

丙責任中心目標成本節約率＝108,000÷100,000＝108%

五、綜合題

解答：

表7　　　　　　　　　產品成本計算單

第一車間：A 半成品　　　　　　　　　　完工量：80 件

項目	直接材料	直接人工	製造費用	合計
本月在產品成本	27,000	4,800	6,000	37,800

表7(續)

項目	直接材料	直接人工	製造費用	合計
本月發生生產費用	64,800	15,000	17,400	97,200
合計	91,800	19,800	23,400	135,000
完工產品數量	80	80	80	
在產品約當產量	20	10	10	
總約當產量	100	90	90	
分配率	918	220	260	1,398
完工A半成品成本	73,440	17,600	20,800	111,840
月末在產品成本	18,360	2,200	2,600	23,160

（3） 直接材料分配率 = 91,800 ÷ 100 = 918

（4） 直接人工分配率 = 19,800 ÷ 90 = 220

（3） 製造費用分配率 = 23,400 ÷ 90 = 260

表8　　　　　　　　　產品成本計算單

第二車間：B產品　　　　　　　　　　　　　　完工量：70件

項目	直接材料	直接人工		製造費用		合計
		上一步轉入	本步發生	上一步轉入	本步發生	
月初在產品成本	23,360	2,970	2,700	2,850	3,990	35,870
本月發生費用			18,000		18,150	36,150
本月轉入的半成品成本	73,440	17,600		20,800		111,840
合計	96,800	20,570	20,700	23,650	22,140	183,860
完工產品數量	70	70	70	70	70	
在產品約當產量	40	40	20	40	20	
總約當產量	110	110	90	110	90	
分配率	880	187	230	215	246	1,758
完工B產品成本	61,600	13,090	16,100	15,050	17,220	123,060
月末在產品成本	35,200	7,480	4,600	8,600	4,920	60,800

（1）直接材料分配率 = 96,800÷110 = 880
（2）直接人工分配率
①上一步轉入 = 20,570÷110 = 187
②本步發生 = 20,700÷90 = 230
（3）製造費用分配率
①上一步轉入 = 23,650÷110 = 215
②本步發生 = 22,140÷90 = 246

綜合訓練題三

試題

一、單項選擇題

1. 下列各項中，屬於馬克思的價值學說計算的成本是（　）

  A. C+M   B. V+M
  C. C+V   D. C+V+M

2. 下列各項中，在完工產品和在產品之間分配費用，適合採用在產品成本按年初固定數確定的方法的是（　　）。

  A. 各月末在產品數量較少
  B. 各月末在產品數量較大
  C. 沒有在產品
  D. 各月末在產品數量變化小

3. 下列各項中，屬於不考慮輔助生產車間之間相互提供產品和勞務的輔助生產費用分配方法的是（　　）。

  A. 代數分配法   B. 直接分配法
  C. 交互分配法   D. 按計劃成本分配法

4. 下列成本計算方法中，必須設置基本生產成本二級帳的是（　　）。

A. 分批法　　　　　　B. 品種法
C. 分步法　　　　　　D. 簡化分批法

5. 下列各項中，不適用於作業成本法的企業是（　　）。

A. 產品結構複雜　　　B. 間接費用比重小
C. 間接費用比重大　　D. 生產經營活動種類繁多

6. 下列各項中，在變動成本法下不應計入產品成本的是（　　）。

A. 直接材料　　　　　B. 直接人工
C. 固定製造費用　　　D. 變動製造費用

7. 下列各項中，關於企業成本報表的種類、項目、格式和編製方法的表述，正確的是（　　）。

A. 由國家統一規定

B. 由企業自行制定

C. 由企業主管部門統一規定

D. 由企業主管部門與企業共同制定

8. 已知某產品的單位變動成本為10元，固定成本為15,000元，銷售量為5,000件，目標利潤為5,000元，則實現目標利潤的單價為（　　）元。

A. 6　　　　　　　　　B. 11
C. 13　　　　　　　　D. 14

9. 在成本差異分析時，下列各項中，屬於變動製造費用的效率差異類似的差異是（　　）。

A. 直接人工效率差異　B. 直接材料用量差異
C. 直接材料價格差異　D. 直接材料成本差異

10. 下列各項中，不屬於責任成本基本特徵的是（　　）。

A. 可以預計　　　　　B. 可以計量
C. 可以控制　　　　　D. 可以對外報告

二、多項選擇題

1. 下列各項中，屬於成本主要作用的是（　　）。

A. 補償生產耗費的尺度

B. 綜合反應企業工作質量的重要指標

C. 企業對外報告的主要內容

D. 制定產品價格的重要因素和進行生產經營決策的重要依據

2. 下列各項中，屬於製造費用的項目有（　　　）。

A. 生產單位管理人員的工資及提取的其他職工薪酬

B. 生產單位固定資產的折舊費

C. 生產單位固定資產的修理費

D. 企業行政管理部門固定資產的折舊費

3. 下列各項中，屬於採用定額比例法分配完工產品和在產品費用應具備的條件有（　　　）。

A. 消耗定額比較準確

B. 消耗定額比較穩定

C. 各月末在產品數量變化不大

D. 各月末在產品數量變化較大

4. 下列各項中，屬於簡化分批法的特點有（　　　）。

A. 必須按生產單位設置基本生產成本二級帳

B. 未完工產品不分配結轉間接計入費用

C. 通過計算累計間接計入費用分配率分配完工產品應負擔的間接計入費用

D. 期末在產品不負擔間接計入費用

5. 下列各項中，屬於成本動因的特徵有（　　　）。

A. 隱蔽性　　　　　　　B. 相關性

C. 適用性　　　　　　　D. 可計量性

6. 下列各項中，屬於確定類內不同規格、型號產品系數的依據有（　　　）。

A. 產品售價　　　　　　B. 產品定額費用

C. 產品定額耗用量　　　D. 產品體積、面積等

7. 生產多品種情況下，下列各項中，影響可比產品成本降低額變動的因素有（　　　）。

A. 產品產量　　　　　　B. 產品單位成本

C. 產品價格　　　　　　D. 產品品種結構

8. 某企業生產一種產品，單價 8 元，單位變動成本 6 元，固定成本 2,000 元，預計產銷量為 2,000 件。若想實現利潤 3,000 元，可以採取的措施有（　　　）。

　　A. 固定成本降低 1,000 元
　　B. 單價提高到 8.5 元
　　C. 單位變動成本降低到 8.5 元
　　D. 銷量提高到 2,500 件

9. 下列各項中，屬於材料價格差異產生的原因有（　　　）。

　　A. 材料質量的變化
　　B. 採購費用的變動
　　C. 材料加工中的損耗的變動
　　D. 市場供求關係變化而引起的價格變動

10. 下列各項中，屬於綜合指標的有（　　　）。

　　A. 全部生產費用　　　　B. 全部產品總成本
　　C. 可比產品成本降低率　D. 甲產品單位成本

三、判斷題

1. 基本費用成本是指由生產經營活動自身引起的各項費用匯集而成的成本費用項目。　　　　　　　　　　　　（　　）

2. 採用計劃成本分配法，輔助生產的成本差異應該全部計入管理費用。　　　　　　　　　　　　　　　　　（　　）

3. 輔助生產的製造費用可以先通過「製造費用」科目歸集，然后轉入「生產成本——輔助生產成本」科目；也可以直接記入「生產成本——輔助生產成本」科目。　　（　　）

4. 在平行結轉分步法下，其縱向費用的分配具體是指在最終產成品與廣義在產品之間進行的費用分配。　　　　（　　）

5. 資源動因是作業消耗資源的方式和原因，是資源成本分配到作業和作業中心的標準和依據。　　　　　　　（　　）

6. 用分類法計算出的類內各種產品的成本具有一定的假定性。
( )

7. 編製成本報表時，會計處理方法應當前后各期保持一致。
( )

8. 單位產品固定成本隨著產量的增加而相應地減少。
( )

9. 變動製造費用耗費差異，是實際變動製造費用支出與按標準工時和變動費用標準分配率計算確定的金額之間的差額。
( )

10. 若不形成收入或者不對實現收入負責，而只對成本或費用負責，則稱這類責任中心為成本中心。
( )

四、計算題

1. 某企業設供電、運輸兩個輔助車間。本月發生的輔助生產費用及提供的勞務量如下表：

表1

輔助生產車間名稱		供電車間	運輸車間
待分配費用		35,000 元	51,500 元
提供勞務數量		10,000 度	10,000 千米
耗用勞務數量	供電車間		1,000 千米
	運輸車間	2,000 度	
	基本生產車間： 產品生產耗用 一般耗用	3,000 度 2,000 度	6,000 千米
	行政管理部門	3,000 度	3,000 千米

計劃單位成本：供電車間 4 元/度，運輸車間 6 元/千米，不考慮其他因素。

要求：

（1）用計劃成本分配法分配輔助生產費用，要求列出成本差異的計算過程並將分配結果填入分配表中；

（2）編製相應的會計分錄。

表2　　　輔助生產費用分配表（計劃成本分配法）　　單位：元

項　　目	分配電費		分配運輸費		成本差異		合　計
	數量	金額	數量	金額	供電	運輸	
待分配費用							
勞務供應總量							
計劃單位成本							
受益對象：							
1. 供電車間							
2. 運輸車間							
3. 基本車間產品生產耗用							
4. 基本車間一般耗用							
5. 行政管理部門							
合　　計							

2. 某企業A產品的原材料在生產開始時一次投入，產品成本中原材料費用所佔比重很大，月末在產品按所耗原材料費用計價。該種產品月初在產品直接材料費用6,000元，本月直接材料費用25,000元，直接人工費用4,500元，製造費用1,000元。本月完工產品700件，月末在產品300件，不考慮其他因素。

要求：

（1）按在產品所耗原材料費用計價法分配計算A產品完工產品和月末在產品成本；

（2）編製完工產品入庫的會計分錄。

3. 已知：某企業每年需用A零件2,000件，原由金工車間組織生產，年總成本為19,000元，其中，固定生產成本為7,000元。如果改從市場上採購，單價為8元，同時將剩餘生產能力用於加工B零件，可以節約外購成本2,000元，不考慮其

他因素。

要求：為企業做出自製或外購 A 零件的決策，並說明理由。

4. 設某公司採用零基預算法編製下年度的銷售及管理費用預算。該企業預算期間需要開支的銷售及管理費用項目及數額如下：

表 3

項　目	金額（元）
產品包裝費	12,000
廣告宣傳費	8,000
管理推銷人員培訓費	7,000
差旅費	2,000
辦公費	3,000
合計	32,000

經公司預算委員會審核后，認為上述五項費用中產品包裝費、差旅費和辦公費屬於必不可少的開支項目，保證全額開支。其餘兩項開支根據公司有關歷史資料進行「成本——效益分析」其結果為：廣告宣傳費的成本與效益之比為 1：15；管理推銷人員培訓費的成本與效益之比為 1：25。

假定該公司在預算期上述銷售及管理費用的總預算額為 29,000 元，不考慮其他因素，要求編製銷售以及管理費用的零基預算。

五、綜合題

某企業大量大批生產 A 產品，該產品順序經過兩個生產步驟連續加工完成，第一步完工半成品直接投入第二步加工，不通過自製半成品庫收發。各步驟月末在產品與完工產品之間的費用分配採用約當產量法。原材料於生產開始時一次投入，各步驟在產品在本步驟的完工程度為 50%，不考慮其他因素。

月初無在產品成本，本月有關生產費用見各步驟成本計算單。各步驟完工產品及月末在產品情況如下：

表 4

項目	第一步	第二步
完工產品數量	400（半成品）	300（產成品）
月末在產品數量	200	100

要求：

（1）分別採用逐步綜合結轉和分項結轉分步法計算產品成本，並填列各步驟產品成本計算單；

（2）對逐步綜合結轉下計算出的產成品成本進行成本還原。

表 5　　　　　　　　　產品成本計算單

生產步驟：第一步驟　　　　　產品名稱：×半成品

項　目	直接材料	直接人工	製造費用	合計
本月發生生產費用	60,000	10,000	20,000	90,000
合計				
在產品約當產量				
總約當產量				
分配率(單位半成品成本)				
完工半成品成本				
月末在產品成本				

表 6　　　　　　　產品成本計算單（綜合結轉）

生產步驟：第二步驟　　　　　產品名稱：A產品

項目	半成品成本	直接人工	製造費用	合計
本月發生生產費用		3,500	10,500	
合計				
在產品約當產量				
總約當產量				
分配率(單位產成品成本)				
完工產成品成本				
月末在產品成本				

表 7　　　　　　　產品成本計算單（分項結轉）

生產步驟：第二步驟　　　　　產品名稱：A 產品

項　目	直接材料	直接人工		製造費用		合計
		轉入半成品	本步驟發生	轉入半成品	本步驟發生	
本步驟發生			3,500		10,500	14,000
轉入的半成品成本						
合計						
在產品約當產量						
總約當產量						
分配率 (單位產成品成本)						
完工產成品成本 (300 件)						
月末在產品成本 (100 件)						

表 8　　　　　　　產成品成本還原計算表

項　目	半成品成本	直接材料	直接人工	製造費用	合計
還原前產成品成本					
第一步驟本月所產半成品成本					
產成品所耗半成品成本還原					
還原后產成品成本					

還原分配率＝

答案

一、單項選擇題

題號	1	2	3	4	5	6	7	8	9	10
答案	C	D	B	D	B	C	B	D	A	D

二、多項選擇題

題號	1	2	3	4	5
答案	ACD	AB	ABD	ABC	ABCD
題號	6	7	8	9	10
答案	ABCD	ABD	ABCD	ABD	ABC

三、判斷題

題號	1	2	3	4	5	6	7	8	9	10
答案	√	√	√	√	√	√	√	×	×	√

四、計算題

1. 解：

表9　　　輔助生產費用分配表（計劃成本分配法）　　　單位：元

項　目	分配電費		分配運輸費		成本差異		合　計
	數量	金額	數量	金額	供電	運輸	
待分配費用		35,000		51,500			86,500
勞務供應總量	10,000		10,000				
計劃單位成本		4		6			

表9(續)

項　　目	分配電費		分配運輸費		成本差異		合計
	數量	金額	數量	金額	供電	運輸	
受益對象：							
1. 供電車間			1,000	6,000			6,000
2. 運輸部門	2,000	8,000					8,000
3. 基本車間產品生產耗用	3,000	12,000					12,000
4. 基本車間一般耗用	2,000	8,000	6,000	36,000			44,000
5. 行政管理部門	3,000	12,000	3,000	18,000	1,000	-500	30,500
合　　計		40,000		60,000	1,000	-500	100,500

（1）成本差異：

供電車間的成本＝35,000+6,000-40,000＝1,000（元）

運輸車間的成本＝51,500+8,000-60,000＝-500（元）

（2）分配費用及調整差異分錄：（元）

借：生產成本——輔助生產成本（供電車間）　6,000

　　　　　　——輔助生產成本（運輸車間）　8,000

　　　　　　——基本生產成本　12,000

　　製造費用——基本生產車間　44,000

　　管理費用　30,000

　貸：生產成本——輔助生產成本（供電車間）　40,000

　　　　　　——輔助生產成本（運輸車間）　60,000

借：管理費用　500

　貸：生產成本——輔助生產成本（供電車間）　1,000

　　　　　　——輔助生產成本（運輸車間）　500

2．解：（1）直接材料費用分配率

　　　　＝（6,000+25,000）÷（700+300）＝31

完工產品直接材料費用＝700×31＝21,700（元）

月末在產品直接材料費用（成本）＝300×31＝9,300（元）

完工產品成本＝21,700+4,500+1,000＝27,200（元）
（2）編製完工產品入庫的會計分錄。
借：庫存商品——A產品　　　　　　　　　27,200
　　貸：生產成本——基本生產成本——A產品　　27,200
3. 解：

表10　　　　　　　　　相關成本分析表

項目	自製A零件	外購A零件
變動成本	19,000-7,000＝12,000	8×2,000＝16,000
機會成本	2,000	0
相關成本合計	14,000	16,000

決策結論：應當安排自製A零件，這樣可以使企業節約2,000元（16,000-14,000）成本。

4. 解：產品包裝費、差旅費和辦公費
　　　　＝12,000+2,000+3,000
　　　　＝17,000（元）
廣告和推銷費用＝29,000-17,000＝12,000（元）
廣告和推銷費用的分配率＝12,000÷（15+25）＝300
廣告費＝300×15＝4,500（元）
推銷費＝300×25＝7,500（元）

五、綜合題

解：

表11　　　　　　　　　產品成本計算單

生產步驟：第一步驟　　　　　　產品名稱：X半成品

項目	直接材料	直接人工	製造費用	合計
本月發生生產費用	60,000	10,000	20,000	90,000
合計	60,000	10,000	20,000	90,000
在產品約當產量	200	100	100	
總約當產量	600	500	500	

表11(續)

項目	直接材料	直接人工	製造費用	合計
分配率 (單位半成品成本)	60,000÷600 =100	10,000÷500 =20	20,000÷500 =40	160
完工半成品成本	40,000	8,000	16,000	64,000
月末在產品成本	20,000	2,000	4,000	26,000

表12　　　　　**產品成本計算單（綜合結轉）**

生產步驟：第二步驟　　　　　產品名稱：A產品

項目	半成品成本	直接人工	製造費用	合計
本月發生生產費用	64,000	3,500	10,500	78,000
合計	64,000	3,500	10,500	78,000
在產品約當產量	100	50	50	
總約當產量	400	350	350	
分配率 (單位產成品成本)	64,000÷400 =160	3,500÷350 =10	10,500÷350 =30	200
完工產成品成本	48,000	3,000	9,000	60,000
月末在產品成本	16,000	500	1,500	18,000

表13　　　　　**產品成本計算單（分項結轉）**

生產步驟：第二步驟　　　　　產品名稱：A產品

項目	直接材料	直接人工		製造費用		合計
		轉入半成品	本步驟發生	轉入半成品	本步驟發生	
本步驟發生			3,500		10,500	14,000
轉入的半成品成本	40,000	8,000		16,000		64,000
合計	40,000	8,000	3,500	16,000	10,500	78,000
在產品約當產量	100	100	50	100	50	
總約當產量	400	400	350	400	350	
分配率	100	20	10	40	30	
完工產成品成本	30,000	6,000	3,000	12,000	9,000	60,000
月末在產品成本	10,000	2,000	500	4,000	1,500	18,000

表 14　　　　　　　　　產成品成本還原計算表

項目	半成品成本	直接材料	直接人工	製造費用	合計
還原前產成品成本	48,000		3,000	9,000	60,000
第一步驟本月所產半成品成本		40,000	8,000	16,000	64,000
產成品所耗半成品成本還原	-48,000	30,000	6,000	12,000	0
還原后產成品成本		30,000	9,000	21,000	60,000

還原分配率 = 48,000 ÷ 64,000 = 0.75

綜合訓練題四

試題

一、單項選擇題

1. 下列各項中，屬於企業進行成本管理會計工作具體直接的依據是（   ）。
   A. 企業會計制度
   B. 各項具體會計準則
   C. 企業的成本會計制度、規程或辦法
   D. 《企業財務會計通則》和《企業會計準則》

2. 下列各項中，關於採用輔助生產費用分配的交互分配法對外分配費用總額的表述，正確的是（   ）。
   A. 交互分配前的費用
   B. 交互分配前的費用加上交互分配轉入的費用
   C. 交互分配前的費用減去交互分配轉出的費用
   D. 交互分配前的費用加上交互分配轉入的費用、減去交互分配轉出的費用

3. 在採用固定在產品成本法時，下列各項中，與1~11月各月完工產品成本相等的是（   ）。
   A. 年初在產品成本   B. 年末在產品成本

C. 生產費用合計數　　　D. 本月發生的生產費用

4. 下列各項中，屬於分步法下產品成本還原對象的是（　　）。

　　A. 自製半成品成本

　　B. 各步驟半成品成本

　　C. 產成品成本中的「半成品」綜合成本

　　D. 在產品成本

5. 下列各項中，屬於作業成本計算最基本對象的是（　　）。

　　A. 產品　　　　　　　B. 資源

　　C. 作業　　　　　　　D. 生產過程

6. 某企業生產20件產品，耗用直接材料100元，直接人工60元，變動製造費用80元，固定製造費用60元，則在完全成本法單位產品成本為正確的是（　　）。

　　A. 5　　　　　　　　B. 8

　　C. 12　　　　　　　　D. 15

7. 下列各項中，屬於成本管理中的成本分析是（　　）。

　　A. 事前的成本分析　　B. 事中的成本分析

　　C. 事后的成本分析　　D. 成本的總括分析

8. 某產品單位變動成本10元，計劃銷售1,000件，每件售價15元，欲實現利潤800元，固定成本應控制的水平是（　　）元。

　　A. 5,000　　　　　　B. 4,800

　　C. 5,800　　　　　　D. 4,200

9. 下列各項中，能夠克服固定預算的缺陷的預算方法是（　　）。

　　A. 定期預算　　　　　B. 滾動預算

　　C. 彈性預算　　　　　D. 增量預算

10. 下列各項中，屬於企業在利用激勵性指標對責任中心進行定額控制時所選擇的控制標準是（　　）。

　　A. 最高控制標準　　　B. 最低控制標準

C. 平均控制標準　　　　D. 彈性控制標準

二、多項選擇題

1. 下列各項中，屬於成本管理會計反應和監督內容的有（　　）
   A. 利潤的實際分配
   B. 產品銷售收入的實現
   C. 各項期間費用的支出及歸集過程
   D. 各項生產費用的支出和產品生產成本的形成

2. 下列各項中，屬於選擇生產費用在完工產品與在產品之間分配的方法應考慮的因素有（　　）。
   A. 在產品數量的多少
   B. 各月在產品數量變化的大小
   C. 各項費用比重的大小
   D. 定額管理基礎的好壞

3. 下列各項中，屬於企業發出材料可能借記的帳戶有（　　）。
   A.「原材料」　　　　B.「生產成本」
   C.「管理費用」　　　D.「材料成本差異」

4. 下列各項中，屬於品種法適用範圍的有（　　）。
   A. 大量大批單步驟生產
   B. 管理上不要求分步驟計算產品成本的大量大批多步驟生產
   C. 小批單件單步驟生產
   D. 管理上不要求分步驟計算產品成本的小批單件多步驟生產

5. 下列各項中，關於作業成本法與傳統成本計算法區別的表述，正確的有（　　）。
   A. 基本原理不同　　　B. 適用企業類型不同
   C. 間接成本處理方法不同　D. 成本信息結果存在差異

6. 下列各項中，關於變動成本法和完全成本法的表述，正

確的有（　　　）。

 A. 在完全成本法下，全部成本都計入產品成本
 B. 在變動成本法提供的資料不能充分滿足決策的需要
 C. 在變動成本法下，利潤＝銷售收入－銷售成本－固定製造費用－銷售和管理費用
 D. 在完全成本法下，各會計期發生的全部生產成本要在完工產品和在產品之間分配

7. 下列各項中，屬於在全部產品成本表中反應的指標有（　　　）。

 A. 全部產品的總成本　　B. 全部產品的單位成本
 C. 主要產品的總成本　　D. 主要產品的單位成本

8. 下列各項中，屬於無關成本的範圍有（　　　）。

 A. 沉沒成本　　　　　　B. 機會成本
 C. 聯合成本　　　　　　D. 專屬成本

9. 下列各項中，屬於影響變動製造費用效率差異的原因有（　　　）。

 A. 出勤率變化　　　　　B. 作業計劃安排不當
 C. 加班或使用臨時工　　D. 工人勞動情緒不佳

10. 下列各項中，屬於企業事後成本審計的業務有（　　　）。

 A. 成本計劃審計
 B. 實物的盤存和鑒定
 C. 領用時會計憑證審計
 D. 報表及書面資料的檢查

三、判斷題

1. 成本是綜合反應企業工作質量的重要指標。（　　）
2. 採用在產品成本按年初固定數額計算的方法時，其基本點是：年內各月的在產品成本都按年初在產品成本計算。

（　　）

3. 定額耗用量比例分配法的分配標準是單位產品的消耗

定額。   ( )
　　4. 採用分批法計算產品成本，必須開設基本生產成本二級
帳。   ( )
　　5.「作業消耗資源，產品消耗作業」是作業成本法的基本
指導思想。   ( )
　　6. 只有大量大批生產的企業才能採用定額法計算產品成本。
                                                          ( )
　　7. 為保持一致性，同一企業不同時期應該始終編製相同的
成本報表。   ( )
　　8. 成本按習性可分為固定成本、變動成本和半變動成本三
類。   ( )
　　9. 定額成本法不僅是一種產品成本計算方法，還是一種產
品成本控制方法。   ( )
　　10. 市場價格是以產品或勞務的完全成本作為計價基礎的。
                                                          ( )

四、計算題

　　1. 某廠外購電力價格為 0.80 元/度，20××年 11 月基本生產車間共用 12,000 度，其中：生產用電 10,000 度，車間照明用電 2,000 度；廠部行政管理部門用電 4,000 度。基本生產車間生產甲、乙兩種產品，甲產品的生產工時 2,000 小時，乙產品的生產工時 3,000 小時，產品生產所耗電費按生產工時比例分配，不考慮其他因素。

　　要求：
　　(1) 分配計算各部門應負擔的電費；
　　(2) 分配計算基本生產車間各產品應負擔的電費；
　　(3) 計算基本生產車間照明用電應負擔的電費；
　　(4) 編製分配電費的會計分錄。

　　2. 某工業企業採用簡化的分批法計算乙產品各批產品成本。
　　(1) 5 月份生產批號有：
1028 號：4 月份投產 10 件，5 月 20 日全部完工。

1029 號：4月份投產 20 件，5月完工 10 件。

1030 號：本月投產 9 件，尚未完工。

（2）各批號5月末累計原材料費用（原材料在生產開始時一次投入）和工時為：

1028 號：原材料費用 1,000 元，工時 100 小時。

1029 號：原材料費用 2,000 元，工時 200 小時。

1030 號：原材料費用 1,500 元，工時 100 小時。

（3）5月末，該企業全部產品累計原材料費用 4,500 元，工時 400 小時，直接人工 2,000 元，製造費用 1,200 元。

（4）5月末，完工產品工時 250 小時，其中 1,029 號 150 小時。

（5）不考慮其他因素。

要求：

（1）計算累計間接計入費用分配率；

（2）計算各批完工產品成本；

（3）編寫完工產品入庫會計分錄。

3. 練習副產品成本的計算。

資料：某企業在生產甲產品的同時附帶生產出 C 副產品，C 副產品分離后需進一步加工后才能出售。本月甲產品及其副產品共發生成本 300,000 元，其中直接材料占 50%、直接人工占 20%、製造費用占 30%。C 副產品進一步加工發生直接人工費用 4,000 元、製造費用 5,000 元。本月生產甲產品 5,000 千克，C 副產品 4,000 千克。C 副產品單位售價為 24 元，單位稅金和利潤合計為 4 元，不考慮其他因素。

要求：

（1）按副產品負擔可歸屬成本，又負擔分離前聯合成本（售價減去銷售稅金和利潤）的方法計算 C 副產品成本，填製完成副產品成本計算單；

（2）計算甲產品實際總成本和單位成本。

表 1　　　　　　　　　副產品成本計算單

產品：C 產品　　　　　　20××年 5 月　　　　　　產量：4,000 千克

成本項目	分攤的聯合成本	可歸屬成本	副產品總成本	副產品單位成本
直接人工				
直接材料				
製造費用				
合　計				

4. 已知：某企業只生產一種產品，全年最大生產能力為 1,200 件。年初已按 100 元/件的價格接受正常任務 1,000 件，該產品的單位完全生產成本為 80 元/件（其中，單位固定生產成本為 25 元）。現有一客戶要求以 70 元/件的價格追加訂貨，不考慮其他因素。

要求：請考慮以下不相關情況，用差別損益分析法為企業做出是否接受低價追加訂貨的決策，並說明理由。

（1）剩餘能力無法轉移，追加訂貨量為 200 件，不追加專屬成本；

（2）剩餘能力無法轉移，追加訂貨量為 200 件，但因有特殊要求，企業需追加 1,000 元專屬成本；

（3）同（1），但剩餘能力可用於對外出租，可獲租金收入 5,000 元。

五、綜合題

某企業生產甲產品，生產分兩步進行：第一步驟為第二步驟提供半成品，第二步驟將其加工為產成品。材料在生產開始時一次投入，產成品和月末（廣義）在產品之間分配費用的方法採用定額比例法，其中材料費用按定額材料費用比例分配，其他費用按定額工時比例分配。有關定額資料、月初在產品成本及本月發生的生產費用見各步驟產品成本計算單，不考慮其他因素。

要求：

（1）採用平行結轉分步法計算甲產品成本（完成兩個步驟產品成本計算單及產品成本匯總表的填製；並列出每一步驟各成本項目分配率的計算過程，分配率保留小數點後兩位）；
（2）編製完工產成品入庫分錄。

解：（1）

表 2　　　　　　　　　　　產品成本計算單

生產步驟：第一步驟　　　20××年8月　　　　　產品品種：甲產品

項目	直接材料		定額工時	直接人工	製造費用	合計
	定額	實際				
月初廣義在產品成本	67,000	62,000	2,700	7,200	10,000	79,200
本月生產費用	98,000	89,500	6,300	11,700	11,600	112,800
本月生產費用合計		(1)		(2)	(3)	
分配率						
應計入產成品成本的份額		125,000		5,000		
月末廣義在產品成本						

（1）直接材料分配率＝
（2）直接人工分配率＝
（3）製造費用分配率＝

表 3　　　　　　　　　　　產品成本計算單

生產步驟：第二步驟　　　20××年8月　　　　　產品品種：甲產品

項目	直接材料		定額工時	直接人工	製造費用	合計
	定額	實際				
月初廣義在產品成本			700	1,500	2,500	4,000
本月生產費用			10,900	27,500	29,980	57,480
本月生產費用合計						
分配率						
應計入產成品成本的份額			10,000			
月末廣義在產品成本						

(1) 直接人工分配率＝

(2) 製造費用分配率＝

表4　　　　　　　　　產品成本匯總計算表

產品品種：甲產品　　　　20××年8月　　　　　　單位：元

生產步驟	產成品數量（件）	直接材料	直接人工	製造費用	合計
第一步應計入產成品成本的份額					
第二步應計入產成品成本的份額					
總成本	500				
單位成本					

答案

一、單項選擇題

題號	1	2	3	4	5	6	7	8	9	10
答案	C	D	D	C	C	D	C	D	C	B

二、多項選擇題

題號	1	2	3	4	5
答案	CD	ABCD	BC	AB	ABCD
題號	6	7	8	9	10
答案	BCD	ABCD	AC	BD	BD

三、判斷題

題號	1	2	3	4	5	6	7	8	9	10
答案	√	×	×	×	√	×	×	√	√	×

四、計算題

1. 解：
（1）基本車間應負擔的電費＝12,000×0.8
　　　　　　　　　　　　＝9,600（元）
行政管理部門應負擔的電費＝4,000×0.8＝3,200（元）
（2）基本車間產品生產應負擔的電費＝10,000×0.8
　　　　　　　　　　　　　　　　＝8,000（元）
產品電費分配率＝8,000÷(2,000＋3,000)＝1.60(元/小時)
甲產品應負擔的電費＝2,000×1.6＝3,200（元）
乙產品應負擔的電費＝3,000×1.6＝4,800（元）
（3）基本車間照明應負擔的電費＝2,000×0.8＝1,600(元)
（4）借：生產成本——基本生產成本——甲產品 3,200
　　　　　　　　　　　　　　　　——乙產品 4,800
　　　　　製造費用——基本車間　　　　　1,600
　　　　　管理費用——水電費　　　　　　3,200
　　　　貸：應付帳款——××供電部門　　　12,800

2. 解：
（1）累計間接計入費用分配率
直接人工＝2,000/400＝5
製造費用＝1,200/400＝3
（2）各批完工產品成本
1028號：1,000＋100×(5＋3)＝1,800（元）
1029號：(2,000/20)×10＋150×(5＋3)＝2,200（元）
（3）借：庫存商品——乙產品　　　　　　4,000
　　　　貸：生產成本——基本生產成本——1028號批次
　　　　　　　　　　　　　　　　　　　　　1,800

3. 解：
（1）副產品應負擔的聯合成本
　　　＝4,000×(24－4)－(4,000＋5,000)

$$= 80,000 - 9,000$$
$$= 71,000 \text{（元）}$$

其中：

直接材料成本 = 71,000×50% = 35,500（元）

直接人工成本 = 71,000×20% = 14,200（元）

製造費用成本 = 71,000×30% = 21,300（元）

表 5　　　　　　　　　副產品成本計算單

產品：C 產品　　　　　20××年 5 月　　　　　產量：4,000 千克

成本項目	分攤的聯合成本	可歸屬成本	副產品總成本	副產品單位成本
直接人工	35,500		35,500	8.875
直接材料	14,200	4,000	18,200	4.55
製造費用	21,300	5,000	26,300	6.575
合　計	71,000	9,000	80,000	20

（2）甲產品實際總成本 = 300,000 - 71,000 = 229,000（元）

甲產品單位成本 = 229,000÷5,000 = 45.8（元/千克）

4. 解：（1）絕對剩餘生產能力 = 1,200 - 1,000 = 200（件）

表 6　　　　　　差別損益分析表　　　　　　單位：元

	接受追加訂貨	拒絕追加訂貨	差異額
相關收入	14,000	0	14,000
相關成本合計	11,000	0	11,000
其中：增量成本	11,000	0	
差　別　損　益			3,000

因為差別損益指標為+3,000 元，所以應當接受此項追加訂貨，這可使企業多獲得 3,000 元利潤。

(2) 差別損益分析表

表 7　　　　　　　　　　　　　　　　　　　　　　　　　單位：元

	接受追加訂貨	拒絕追加訂貨	差異額
相關收入	14,000	0	14,000
相關成本合計	12,000	0	12,000
其中：增量成本	11,000	0	
專屬成本	1,000	0	
差　別　損　益			2,000

因為差別損益指標為 2,000 元，所以應當接受此項追加訂貨，這可使企業多獲得 2,000 元利潤。

(3) 差別損益分析表

表 8　　　　　　　　　　　　　　　　　　　　　　　　　單位：元

	接受追加訂貨	拒絕追加訂貨	差異額
相關收入	14,000	0	14,000
相關成本合計	16,000	0	16,000
其中：增量成本	11,000	0	
機會成本	5,000	0	
差　別　損　益			-2,000

因為差別損益指標為 -2,000 元，所以應當拒絕此項追加訂貨，否則將使企業多損失 2,000 元利潤。

五、綜合題

解：

表9　　　　　　　　　　產品成本計算單

生產步驟：第一步驟　　　20××年8月　　　　產品品種：甲產品

項目	直接材料 定額	直接材料 實際	定額工時	直接人工	製造費用	合計
月初在產品成本	67,000	62,000	2,700	7,200	10,000	79,200
本月生產費用	98,000	89,500	6,300	11,700	11,600	112,800
合計	165,000	151,500	9,000	18,900	21,600	192,000
分配率		0.92		2.1	2.4	
應計入產成品成本的份額	125,000	115,000	5,000	10,500	12,000	137,500
月末在產品成本	40,000	36,500	4,000	8,400	9,600	54,500

（1）直接材料分配率＝151,500÷165,000＝0.92
（2）直接人工分配率＝18,900÷9,000＝2.1
（3）製造費用分配率＝21,600÷9,000＝2.4

表10　　　　　　　　　　產品成本計算單

生產步驟：第二步驟　　　20××年8月　　　　產品品種：甲產品

項目	直接材料 定額	直接材料 實際	定額工時	直接人工	製造費用	金額合計
月初在產品成本			700	1,500	2,500	4,000
本月生產費用			10,900	27,500	29,980	57,480
合計			11,600	29,000	32,480	61,480
分配率				2.5	2.8	
應計入產成品成本的份額			10,000	25,000	28,000	53,000
月末在產品成本			1,600	4,000	4,480	8,480

（1）直接人工分配率＝29,000÷11,600＝2.5

（2）製造費用分配率＝32,480÷11,600＝2.8

表 11　　　　　　　　　產品成本匯總計算表

產品品種：甲產品　　　　20××年 8 月　　　　　　　單位：元

生產步驟	完工產成品數量（件）	直接材料	直接人工	製造費用	合計
第一步…		115,000	10,500	12,000	137,500
第二步…			25,000	28,000	53,000
總成本	500	115,000	35,500	40,000	190,500
單位成本		230	71	80	381

（3）編製完工產成品入庫分錄

借：庫存商品——甲產品　　　　　　　　190,500

　　貸：生產成本——基本生產成本——第一步（甲產品）

　　　　　　　　　　　　　　　　　　　137,500

　　　　　　　　　　——第二步（甲產品）

　　　　　　　　　　　　　　　　　　　53,000

綜合訓練題五

試題

一、單項選擇題

1. 下列各項中，屬於企業產品製造成本費用的是（　　）
   A. 直接人工　　　　　　B. 管理費用
   C. 銷售費用　　　　　　D. 財務費用

2. 某產品經三道工序加工而成，各工序的工時定額分別為 10 小時、20 小時、20 小時，各工序在產品在本工序的加工程度為 50%，第三工序在產品全過程的完工程度正確的是（　　）。
   A. 40%　　　　　　　　B. 50%
   C. 80%　　　　　　　　D. 100%

3. 輔助生產費用採用計劃成本分配法進行分配時，為簡化分配工作，將輔助生產成本的差異全部調整計入的帳戶正確的是（　　）。
   A.「製造費用」　　　　B.「生產費用」
   C.「輔助生產成本」　　D.「管理費用」

4. 下列各項中，屬於分批法適用的生產組織形式是（　　）。
   A. 大量生產　　　　　　B. 成批生產

C. 單件小批生產　　　　D. 大量大批生產

5. 下列各項中，關於作業成本法計算程序的表述，正確的是（　　）。

　　A. 資源 → 成本 → 產品　　B. 資源 → 產品 → 成本
　　C. 作業 → 資源 → 產品　　D. 資源 → 作業 → 產品

6. 已知某企業只生產一種產品，本期完全成本法下期初存貨成本中的固定製造費用為 3,000 元，期末存貨成本中的固定製造費用為 1,000 元，按變動成本法確定的利潤為 50,000 元，假定沒有在產品存貨。則按照完全成本法確定的本期利潤正確的是（　　）。

　　A. 48,000 元　　　　　　B. 50,000 元
　　C. 51,000 元　　　　　　D. 52,000 元

7. 下列各項中，屬於根據實際成本指標與不同時期的指標對比來揭示差異、分析差異產生原因的方法是（　　）。

　　A. 對比分析法　　　　　B. 差量分析法
　　C. 因素分析法　　　　　D. 相關分析法

8. 下列各項中，在經濟決策中應由中選的最優方案負擔的、按所放棄的次優方案潛在收益計算的資源損失是（　　）。

　　A. 增量成本　　　　　　B. 加工成本
　　C. 機會成本　　　　　　D. 專屬成本

9. 下列各項中，關於固定製造費用效率差異的表述，正確的是（　　）。

　　A. 實際工時與標準工時之間的差異
　　B. 實際工時與預算工時之間的差異
　　C. 預算工時與標準工時之間的差異
　　D. 實際分配率與標準分配率之間的差異

10. 下列各項中，屬於質量指標的是（　　）。

　　A. 產量　　　　　　　　B. 總成本
　　C. 生產費用　　　　　　D. 產品單位成本

二、多項選擇題

1. 下列各項中，屬於成本管理會計任務的有（　　　）。
    A. 正確及時進行成本核算
    B. 制定目標成本，編製成本計劃
    C. 分析和考核各項消費定額和成本計劃的執行情況和結果
    D. 根據成本計劃，相關定額和有關法規制度，控制各項成本費用

2. 下列各項中，屬於完工產品與在產品之間分配費用的方法有（　　　）。
    A. 約當產量比例分配法　　B. 交互分配法
    C. 固定成本計價法　　　　D. 定額比例法

3. 下列各項中，屬於企業分配職工薪酬費用可能借記的帳戶有（　　　）。
    A.「在建工程」　　　　B.「管理費用」
    C.「生產成本」　　　　D.「製造費用」

4. 逐步結轉分步法下半成品成本的計算和結轉時，下列各項中，可以採用的結轉方式有（　　　）。
    A. 綜合結轉　　　　B. 逐步結轉
    C. 分項結轉　　　　D. 平行結轉

5. 下列各項中，關於作業成本法對間接成本按照成本動因進行分配具體步驟的表述，正確的有（　　　）。
    A. 先按作業動因分配到產品
    B. 再按資源動因分配到作業
    C. 先按資源動因分配到作業
    D. 再按作業動因分配到產品

6. 在變動成本法下，下列各項中，屬於期間成本的有（　　　）。
    A. 直接材料　　　　B. 管理費用
    C. 銷售費用　　　　D. 固定製造費用

7. 下列各項中，企業編製的成本報表時，還要編製的其他成本報表有（　　　）。

    A. 製造費用明細表　　　B. 財務費用明細表

    C. 管理費用明細表　　　D. 營業費用明細表

8. 下列各項中，屬於短期成本決策分析的內容有（　　　）。

    A. 差量分析法　　　　　B. 總量分析法

    C. 相關成本分析法　　　D. 戰略決策分析

9. 下列各項中，不屬於變動製造費用價差的是（　　　）。

    A. 耗費差異　　　　　　B. 效率差異

    C. 閒置差異　　　　　　D. 能量差異

10. 下列各項中，屬於成本報表檢查的有（　　　）。

    A. 利潤表　　　　　　　B. 產品成本表

    C. 製造費用明細表　　　D. 主要產品單位成本表

三、判斷題

1. 成本管理會計應該具備策劃、核算、控制、評價和報告等具體功能。（　　）

2. 企業設置了「生產費用」總帳科目后，可以同時設置「生產成本」和「製造費用」總帳科目。（　　）

3. 約當產量比例法只適用於薪酬費用和其他加工費用的分配，不適用原材料費用的分配。（　　）

4. 採用平行結轉分步法，半成品成本的結轉與半成品實物轉移是一致的。（　　）

5. 作業成本法僅僅是一種改良的成本核算方法。（　　）

6. 成本按習性分類是變動成本法應用的前提條件。（　　）

7. 採用因素分析法進行成本分析時，各因素變動對經濟指標影響程度的數額相加，應與該項經濟指標實際數與基數的差額相等。（　　）

8. 在成本決策分析過程中，必須考慮一些非計量因素對決策的影響。（　　）

9. 成本控制是指為降低產品成本而進行的控制。（   ）

10. 雙重價格就是對買方責任中心和賣方責任中心分別採用不同的轉移價格作為計價基礎。（   ）

四、計算題

1. 某產品各項消耗定額比較準確、穩定，各月在產品數量變化不大，月末在產品成本按定額成本計價。該產品月初和本月發生的生產費用合計：原材料費用 50,000 元，直接人工費用 10,000 元，製造費用 20,000 元。原材料於生產開始時一次投入，單位產品原材料費用定額為 40 元。完工產品產量 1,000 件，月末在產品 300 件，月末在產品定額工時共計 800 小時，每小時費用定額：直接人工費用為 10 元，製造費用為 5 元，不考慮其他因素。

要求：

（1）採用定額成本計價法分配計算月末在產品成本和完工產品成本；

（2）編製完工產品入庫的會計分錄。

2. 某製造廠生產甲、乙兩種產品，有關資料如下：

（1）甲、乙兩種產品 2015 年 1 月份之有關成本資料如下表所示：

表 1

產品名稱	甲	乙
產量	100	200
直接材料單位成本	50	80
直接人工單位成本	40	30

（2）月初甲產品在產品製造費用（作業成本）為 3,600 元，乙產品在產品製造費用（作業成本）為 4,600 元；月末在產品數量，甲產品為 40 件，乙產品為 60 件，總體完工率均為 50%；按照約當產量法在完工產品和在產品之間分配製造費用（作業成本），本月發生的製造費用（作業成本）總額為 50,000 元，

相關的作業有 4 個。有關資料如下表所示：

表 2

作業名稱	質量檢驗	訂單處理	機器運行	設備調整準備
成本動因	檢驗次數	生產訂單份數	機器小時數	調整準備次數
作業成本	4,000	4,000	40,000	2,000
甲產品耗用作業量	5	30	200	6
乙產品耗用作業量	15	10	800	4

（3）不考慮其他因素。

要求：

（1）用作業成本法計算甲、乙兩種產品的單位成本；

（2）以機器小時作為製造費用的分配標準，採用傳統成本計算法計算甲、乙兩種產品的單位成本。

3. 已知某企業常年生產需用的 A 部件以前一直從市場上採購。一般採購量在 5,000 件以下時，單價為 8 元；達到或超過 5,000 件時，單價為 7 元。如果追加投入 12,000 元專屬成本，就可以自行製造該部件，預計單位變動成本為 5 元，不考慮其他因素。

要求：用成本無差別點法為企業做出自製或外購 A 零件的決策，並說明理由。

五、綜合題

某企業生產 B 產品，經過二個生產步驟連續加工。第一步驟生產的半成品直接交給第二步驟加工，第二步驟將一件半成品加工為一件產成品，原材料投產時一次投入，其他費用在本步驟的完工程度按 50% 計算。採用約當產量法在完工產品和在產品之間分配各步驟的生產費用。

（1）產量記錄見下表：

表 3

項　目	第一步驟	第二步驟
月初在產品數量	6	48
本月投入數量	150	132
本月完工數量	132	150
月末在產品數量	24	30

（2）成本資料見各步驟產品成本計算單。

（3）不考慮其他因素。

要求：用平行結轉分步法計算產品成本，並填列產品成本計算單及產品成本匯總表。

表 4　　　　　　　　　產品成本計算單

生產步驟：第一步驟　　產品名稱：B 產品　　完工量：150 件

項　目	直接材料	直接人工	製造費用	合計
月初廣義在產品成本	27,000	4,200	6,000	37,200
本月發生生產費用	64,800	15,000	17,040	96,840
合計				
分配率				
應計入產成品成本的份額				
月末廣義在產品成本				

（1）直接材料費用分配率＝

（2）直接人工分配率＝

（3）製造費用分配率＝

表 5　　　　　　　　　產品成本計算單

生產步驟：第二步驟　　產品名稱：B 產品　　完工量：150 件

項　目	直接材料	直接人工	製造費用	合計
月初在產品成本		5,100	6,600	11,700
本月發生生產費用		18,000	18,150	36,150
合計				

表5(續)

項　目	直接材料	直接人工	製造費用	合計
分配率				
應計入產成品成本的份額				
月末廣義在產品成本				

（1）直接人工分配率＝

（2）製造費用分配率＝

表6　　　　　　　　　　產品成本匯總表

產品名稱：B產品　　　　　　　　　　　　　　完工量：150件

項　目	直接材料	直接人工	製造費用	合計
第一步驟應計入產成品成本份額				
第二步驟應計入產成品成本份額				
B產品總成本				
B產品單位成本				

答案

一、單項選擇題

題號	1	2	3	4	5	6	7	8	9	10
答案	A	C	D	C	D	A	A	C	A	D

二、多項選擇題

題號	1	2	3	4	5
答案	ABCD	ACD	ABCD	AC	ACD
題號	6	7	8	9	10
答案	BCD	ABCD	ABC	BCD	BCD

三、判斷題

題號	1	2	3	4	5	6	7	8	9	10
答案	√	×	×	×	×	√	√	√	×	√

四、計算題

1. 解：（1）在產品定額成本 = 300×40 + 800×10 + 800×5
   = 12,000 + 8,000 + 4,000
   = 24,000（元）

   完工產品成本 = (50,000−300×40) + (10,000−800×10)
   + (20,000−800×5)
   = 38,000 + 2,000 + 16,000
   = 56,000（元）

   （2）編製完工產品入庫的會計分錄。

   借：庫存商品　　　　　　　　　　　　　56,000
   　　貸：生產成本——基本生產成本　　　　56,000

2. 解：（1）質量檢驗作業成本分配率 = 4,000/(5+15)
   = 200（元/次）

   訂單處理作業成本分配率 = 4,000/(10+30) = 100（元/份）
   機器運行作業成本分配率 = 40,000/(200+800)
   = 40（元/小時）

   調整準備作業成本分配率 = 2,000/(6+4) = 200（元/次）
   甲產品分配的本月發生的作業成本：
   200×5 + 100×30 + 40×200 + 200×6 = 13,200（元）
   單位作業成本：
   (13,200+3,600)/(100+40×50%) = 140（元/件）
   單位成本：50+40+140 = 230（元/件）
   乙產品分配的本月發生的作業成本：
   200×15 + 100×10 + 40×800 + 200×4 = 36,800（元）
   單位作業成本：

（36,800+4,600）/（200+60×50%）= 180（元/件）

單位成本：80+30+180=290（元/件）

（2）本月發生製造費用分配率：

50,000/（200+800）= 50（元/小時）

甲產品分配的本月發生的製造費用：50×200=10,000（元）

甲產品單位製造費用：

（10,000+3,600）/（100+40×50%）= 113.33（元/件）

甲產品單位成本：50+40+113.33=203.33（元/件）

乙產品分配的本月發生的製造費用：50×800=40,000（元）

乙產品單位製造費用：

（40,000+4,600）/（200+60×50%）= 193.91（元/件）

乙產品單位成本：80+30+193.91=303.91（元/件）

3. 解：（1）採購量＜5,000件，假設成本無差別點業務量為X

則 8X=12,000+5X，解得 X=4,000（件）

採購量＜4,000件，應外購；

4,000件 ≤ 採購量 ＜ 5,000件，應自製。

（2）採購量 ≥ 5,000件，假設成本無差別點業務量為Y

則 7Y=12,000+5Y，解得 Y=6,000（件）

5,000件 ≤ 採購量 ＜ 6,000件，應外購；

採購量 ≥ 6,000件，應自製。

五、綜合題

解答：

表7　　　　　　　　　產品成本計算單

生產步驟：第一步驟　　　產品名稱：B產品　　　完工量：150件

項目	直接材料	直接人工	製造費用	合計
月初在產品成本	27,000	4,200	6,000	37,200
本月發生生產費用	64,800	15,000	17,040	96,840
合計	91,800	19,200	23,040	134,040

表7(續)

項目	直接材料	直接人工	製造費用	合計
分配率	450	100	120	670
應計入產成品成本的份額	67,500	15,000	18,000	100,500
月末廣義在產品成本	24,300	4,200	5,040	33,540

（1） 直接材料費用分配率＝91,800÷（150+30+24）＝450

（2） 直接人工分配率＝19,200÷（150+30+24×50%）＝100

（3） 製造費用分配率＝23,040÷（150+30+24×50%）＝120

表8　　　　　　　　　　產品成本計算單

生產步驟：第二步驟　　　產品名稱：B產品　　　完工量：150件

項目	直接材料	直接人工	製造費用	合計
月初在產品成本		5,100	6,600	11,700
本月發生生產費用		18,000	18,150	36,150
合計		23,100	24,750	47,850
分配率		140	150	290
應計入產成品成本的份額		21,000	22,500	43,500
月末廣義在產品成本		2,100	2,250	4,350

（1） 直接人工分配率＝23,100÷（150+30×50%）＝140

（2） 製造費用分配率＝24,750÷（150+30×50%）＝150

表9　　　　　　　　　　產品成本匯總表

產品名稱：B產品　　　　　　　　　　　　　　完工量：150件

項目	直接材料	直接人工	製造費用	合計
第一步驟應計入產成品成本份額	67,500	15,000	18,000	100,500
第二步驟應計入產成品成本份額		21,000	22,500	43,500
B產成品總成本	67,500	36,000	40,500	144,000
B產成品單位成本	450	240	270	960

綜合訓練題六

試題

一、單項選擇題

1. 下列各項中,屬於企業產品綜合要素成本的是（　　）
   A. 直接材料　　　　　　B. 直接人工
   C. 其他直接支出　　　　D. 製造費用

2. 如果原材料在生產開始時一次投入,月末在產品的投料程度正確的是（　　）。
   A. 0　　　　　　　　　B. 50%
   C. 60%　　　　　　　　D. 100%

3. 某廠輔助生產的供電車間待分配費用9,840元,電的耗用情況是:輔助生產的供水車間耗用5,640度、基本生產車間耗用38,760度、行政管理部門耗用4,800度,共計49,200度。採用直接分配法,其費用分配率正確的是（　　）。
   A. 9,840÷（38,760+4,800）
   B. 9,840÷49,200
   C. 9,840÷（5,640+38,760）
   D. 9,840÷（5,640+4,800）

4. 下列各項中,屬於品種法和分步法的共同點是（　　）

A. 適用範圍　　　　　　B. 成本計算方法

　　C. 成本計算對象　　　　D. 成本計算週期

　5. 下列各項中，不屬於作業成本法應用的關鍵點是（　　）。

　　A. 目標必須明確

　　B. 贏得全面的支持

　　C. 各級管理層分級指揮

　　D. 作業成本模式的設計要完善

　6. 下列各項中，關於產品成本的定額法適用範圍的表述，正確的是（　　）。

　　A. 與生產的類型沒有直接關係

　　B. 與生產的類型有直接的關係

　　C. 只適用於小批單件生產的企業

　　D. 只適用於大批大量生產的機械製造企業

　7. 下列各項中，屬於用本企業與國內外同行業之間的成本指標進行對比分析的方法是（　　）。

　　A. 全面分析　　　　　　B. 重點分析

　　C. 縱向分析　　　　　　D. 橫向分析

　8. 下列各項中，屬於兩方案成本無差別點業務量的是（　　）。

　　A. 標準成本相等的業務量　B. 變動成本相等的業務量

　　C. 固定成本相等的業務量　D. 總成本相等的業務量

　9. 在成本差異分析時，下列各項中，屬於變動製造費用效率差異類似的差異是（　　）。

　　A. 直接人工效率差異　　B. 直接材料價格差異

　　C. 直接材料成本差異　　D. 直接人工工資率差異

　10. 某企業甲責任中心將 A 產品轉讓給乙責任中心時，廠內銀行按 A 產品的單位市場售價向甲支付價款，同時按 A 產品的單位變動成本從乙收取價款。據此，可以認為該項內部交易採用的內部轉移價格是（　　）。

　　A. 市場價格　　　　　　B. 協商價格

C. 成本轉移價格　　　　D. 雙重轉移價格

二、多項選擇題

1. 下列各項中，屬於成本管理會計職能的有（　　）
   A. 成本策劃　　　　　B. 成本核算
   C. 成本控制　　　　　D. 業績評價

2. 下列各項中，屬於在企業設置了「生產成本」總帳科目的情況下，還可以設置的總帳科目有（　　）。
   A.「基本生產成本」　　B.「製造費用」
   C.「廢品損失」　　　　D.「生產費用」

3. 下列各項中，屬於成本項目的有（　　）。
   A. 直接材料　　　　　B. 直接人工
   C. 財務費用　　　　　D. 管理費用

4. 下列各項中，可以或者應該採用分類法計算產品成本的有（　　）。
   A. 聯產品
   B. 品種單一、產量大的產品
   C. 品種規格繁多，但可以按規定標準分類的產品
   D. 品種規格多，且數量少、費用比重小的一些零星產品

5. 下列各項中，關於作業成本法也存在局限性的表述，正確的有（　　）。
   A. 不是所有企業都適用作業成本法
   B. 對財會人員的素質要求高
   C. 採用作業成本法時要考慮其實施成本
   D. 作業成本法本身存在不完善

6. 在變動成本法中，下列各項中，屬於產品成本的有（　　）。
   A. 直接材料費用　　　B. 直接人工費用
   C. 固定製造費用　　　D. 變動製造費用

7. 下列各項中，屬於在實際工作中通常採用的成本分析方法有（　　）。

A. 比較分析法　　　　B. 交互分析法
　　C. 約當產量分析法　　D. 因素分析法

8. 下列各項中，屬於生產經營相關成本的有（　　　）。
　　A. 增量成本　　　　　B. 機會成本
　　C. 專屬成本　　　　　D. 沉沒成本

9. 下列各項中，屬於按三因素分析法計算固定製造費用成本差異的有（　　　）。
　　A. 耗費差異　　　　　B. 能量差異
　　C. 效率差異　　　　　D. 生產能力利用差異

10. 下列各項中，屬於對領料單的檢查應注意的事項有（　　　）。
　　A. 領用的手續是否齊全
　　B. 領用的數量是否符合實際
　　C. 領料單上的材料是否為生產上所必須
　　D. 領料單有否塗改、材料分配是否合理

三、判斷題

1. 單位固定成本隨業務量的增加或減少而呈正比例變動。
　　　　　　　　　　　　　　　　　　　　　　　　（　　　）

2. 用於產品生產構成產品實體的原材料費用，應記入「生產成本」科目的借方。　　　　　　　　　　　　　　（　　　）

3. 企業在生產多種產品時，生產工人的計時工資屬於間接生產費用。　　　　　　　　　　　　　　　　　　　（　　　）

4. 分類法由於與企業生產類型的特點沒有直接聯繫，因而只要具備條件，在任何生產類型企業都能用。　　（　　　）

5. 計量和分配帶有一定的主觀性是作業成本法本身存在不完善的主要表現之一。　　　　　　　　　　　　　（　　　）

6. 在變動成本法下，本期利潤不受期初、期末存貨變動的影響；而在完全成本法下，本期利潤受期初、期末存貨變動的影響。　　　　　　　　　　　　　　　　　　（　　　）

7. 在進行可比產品成本降低任務完成情況的分析時，產品

產量因素的變動，只影響成本降低額，不影響成本降低率。
( )

8. 在相關範圍內，邊際成本與單位變動成本相等。( )

9. 材料用量不利差異必須由生產部門負責。( )

10. 實際成本加成是根據產品或勞務的實際變動成本，再加上一定的合理利潤作為計價基礎的。( )

四、計算題

1. 某公司全年製造費用計劃為 200,000 元，1 月實際發生製造費用 25,000 元，有關資料如下：

表1

項　　目	A 產品	B 產品
產品計劃產量	1,000 件	1,200 件
本月實際產量	100 件	150 件
單位產品工時定額	4 小時	5 小時

要求：採用計劃分配率分配法分配 1 月份的製造費用。

2. 某企業甲產品生產分三個步驟，採用實際成本綜合逐步結轉分步法計算甲產品成本，第一步驟生產 A 半成品完工後直接交第二步驟繼續加工，第二步驟生產 B 半成品直接交第三步驟加工為甲產品。還原前產成品成本及本月所產半成品成本資料見產成品成本還原計算表，不考慮其他因素。

要求：計算兩步驟半成品還原分配率，填列產成品成本還原計算表（還原率要求保留小數點后四位）。

表2　　　　　　產成品成本還原計算表　　　　　單位：元

項　目	成本項目					
	B 半成品	A 半成品	直接材料	直接人工	製造費用	合計
還原前甲產品成本	1,035,793			220,000	165,000	1,420,793
本月所產 B 半成品成本		475,000		200,000	150,000	825,000

表2(續)

項 目	成本項目					
	B半成品	A半成品	直接材料	直接人工	製造費用	合計
B半成品成本還原						
本月所產A半成品成本			250,000	125,000	100,000	475,000
A半成品成本還原						
還原后甲產品成本						

B半成品還原分配率＝

A半成品還原分配率＝

3. 某企業生產20件產品，耗用直接材料100元，直接人工120元，變動製造費用80元，固定製造費用40元。假設本期銷售18件產品，期末庫存產成品2件，沒有在產品存貨。該企業產品售價25元/件，變動銷售及管理費用3元/件，固定銷售及管理費用50元/月，不考慮其他因素。

要求：分別計算完全成本法和變動成本法下的產品總成本和單位成本、期末存貨價值、利潤，並說明兩種方法計算的利潤出現差異的原因。

4. 某企業本月固定製造費用的有關資料如下：

生產能力　　　　　　　　2,500小時
實際耗用工時　　　　　　3,500小時
實際產量的標準工時　　　3,200小時
固定製造費用的實際數　　8,960元
固定製造費用的預算數　　8,000元
不考慮其他因素。

要求：
（1）根據所給資料計算固定製造費用的成本差異；
（2）採用三因素分析法計算固定製造費用的各種差異。

五、綜合題

某企業生產A、B、C三種產品，所耗用的原材料和產品的

生產工藝相同，因此歸為一類產品，即甲類產品，採用分類法計算產品成本。200×年6月份有關成本計算資料如下：

（1）月初在產品成本和本月生產費用見下表：

表3　　　　月初在產品成本和本月生產費用表　　　單位：元

項　目	直接材料	直接人工	製造費用	合計
月初在產品成本	18,400	16,340	57,340	92,080
本月生產費用	232,000	96,760	114,800	443,560

（2）各種產品本月產量資料和定額資料見下表：

表4　　　　各種產品本月產量資料和定額資料表

產品名稱	本月實際產量	材料消耗定額	工時消耗定額
A	400	300	21
B	600	600	15
C	300	720	24

（3）B產品為標準產品；甲類產品採用月末在產品按固定成本計算法在完工產品與在產品之間進行分配。

（4）不考慮其他因素。

要求：

（1）完成甲類產品成本計算單。

表5　　　　　　　甲類產品成本計算單
　　　　　　　　　200×年6月　　　　　　　　單位：元

項　目	直接材料	直接人工	製造費用	合計
月初在產品成本	18,400	16,340	57,340	92,080
本月生產費用	232,000	96,760	114,800	443,560
生產費用合計				
本月完工產品總成本				
月末在產品成本				

（2）計算各種產品系數和本月總系數。

表6　　　　　　　　甲類產品系數計算表

200×年6月　　　　　　　　　單位：元

產品名稱	本月實際產量	材料消耗定額	材料系數	材料總系數	工時消耗定額	工時系數	工時總系數
A	400	300			21		
B	600	600			15		
C	300	720			24		
合計							

（3）採用系數分配法計算類內各種產品成本和單位成本，完成類內各種產品成本計算表。

表7　　　　　　　類內各種產品成本計算表

產品類別：甲類　　　　　200×年6月　　　　　　　單位：元

| 產品 | 本月實際產量 | 總系數 | | 總成本 | | | | 單位成本 |
		直接材料	加工費用	直接材料	直接人工	製造費用	成本合計	
分配率								
A	400							
B	600							
C	300							
合計								

答案

一、單項選擇題

題號	1	2	3	4	5	6	7	8	9	10
答案	D	D	A	D	C	A	D	D	A	D

二、多項選擇題

題　號	1	2	3	4	5
答　案	ABCD	BC	AB	ACD	ACD
題　號	6	7	8	9	10
答　案	ABD	AD	ABC	ACD	ABCD

三、判斷題

題號	1	2	3	4	5	6	7	8	9	10
答案	×	√	×	√	√	×	√	√	×	×

四、計算題

1. 解：年度計劃製造費用分配率
   $= 200,000 \div (1,000 + 1,200 \times 5) = 20$（元/工時）

   A 產品 1 月分配的製造費用 $= 100 \times 4 \times 20 = 8,000$（元）

   B 產品 1 月分配的製造費用 $= 150 \times 5 \times 20 = 15,000$（元）

2. 解：

表 8　　　　　　　產成品成本還原計算表　　　　　　單位：元

項　目	B 半成品	A 半成品	直接材料	直接人工	製造費用	合　計
還原前甲產品成本	1,035,793			220,000	165,000	1,420,793
本月所產 B 半成品成本		475,000		200,000	150,000	825,000
B 半成品成本還原	−1,035,793	596,362.5		251,100	188,330.5	
本月所產 A 半成品成本			250,000	125,000	100,000	475,000
A 半成品成本還原		−596,362.5	313,875	156,937.5	125,550	
還原后甲產品成本			313,875	628,037.5	478,880.5	1,420,793

B 半成品還原分配率 $= 1,035,793 / 825,000 = 1.2555$

A 半成品還原分配率 $= 596,362.5 / 475,000 = 1.2555$

3. 解：

(1) 計算產品總成本和單位成本

採用完全成本法：

產品總成本 = 100+120+80+40 = 340（元）

單位成本 = 340÷20 = 17（元）

採用變動成本法：

產品總成本 = 100+120+80 = 300（元）

單位成本 = 300÷20 = 15（元）

(2) 計算期末存貨價值

採用完全成本法：

期末存貨價值 = 2×17 = 34（元）

採用變動成本法：

期末存貨價值 = 2×15 = 30（元）

(3) 計算利潤

採用完全成本法：

表9　　　　　　　　　利潤計算表

項　目	金額（元）
銷售收入（25元×18件）	450
減：銷售成本（17元×18件）	306
毛利	144
減：銷售及管理費用（3元×18件+50元）	104
利潤	40

採用變動成本法：

表10　　　　　　　　　利潤計算表

項　目	金額（元）
銷售收入（25元×18件）	450
減：銷售成本（15元×18件）	270
邊際貢獻（製造）	180

表10(續)

項　　目	金額（元）
減：期間成本	
固定製造費用	40
銷售與管理費用（3元×18件+50）	104
利潤	36

兩種成本計算方法確定的利潤相差4元（40-36）。其原因是：由於本期產量大於銷售量，期末存貨增加了2件，2件存貨的成本包含了4元固定製造費用。在變動成本法下扣除的固定製造費用為40元（2×20），在完全成本法下扣除的固定製造費用為36元（2×18），所以利潤相差4元。

4. 解：

（1）固定製造費用標準分配率＝8,000÷2,500＝3.2

固定製造費用的成本差異＝8,960－3,200×3.2＝－1,280（元）

（2）耗費差異＝8,960－8,000＝960（元）（不利差異）

生產能力利用差異＝（2,500－3,500）×3.2

　　　　　　　＝－3,200（元）（有利差異）

效率差異＝（3,500－3,200）×3.2＝960（元）（不利差異）

三項之和＝960－3,200＋960

　　　　＝－1,280（元）（固定製造費用的成本差異）

五、綜合題

解：（1）完成甲類產品成本計算單。

表11　　　　　　　　甲類產品成本計算單

200×年6月　　　　　　　　　　　　　單位：元

項　　目	直接材料	直接人工	製造費用	合計
月初在產品成本	18,400	16,340	57,340	92,080
本月生產費用	232,000	96,760	114,800	443,560

表11(續)

項　目	直接材料	直接人工	製造費用	合計
生產費用合計	250,400	113,100	172,140	535,640
本月完工產品總成本	232,000	96,760	114,800	443,560
月末在產品成本	18,400	16,340	57,340	92,080

(2) 計算各種產品系數和本月總系數。

表12　　　　　　　甲類產品系數計算表
　　　　　　　　　200×年6月　　　　　　　　單位：元

產品名稱	本月實際產量	材料消耗定額	材料系數	材料總系數	工時消耗定額	工時系數	工時總系數
A	400	300	0.5	200	21	1.4	560
B	600	600	1	600	15	1	600
C	300	720	1.2	360	24	1.6	480
合計				1,160			1,640

(3) 採用系數分配法計算類內各種產品成本和單位成本，完成類內各種產品成本計算表。

表13　　　　　　類內各種產品成本計算表
產品類別：甲類　　　200×年6月　　　　　　單位：元

產品	本月實際產量	總系數		總成本				單位成本
		直接材料	加工費用	直接材料	直接人工	製造費用	成本合計	
分配率				200	59	70		
A	400	200	560	40,000	33,040	39,200	112,240	280.6
B	600	600	600	120,000	35,400	42,000	197,400	329
C	300	360	480	72,000	28,320	33,600	133,920	446.4
合計		1,160	1,640	232,000	96,760	114,800	443,560	

國家圖書館出版品預行編目(CIP)資料

成本管理會計學習指導/胡國強 、陳春艷 主編.-- 第四版.
-- 臺北市：崧博出版：財經錢線文化發行, 2018.10
　面；　　公分
ISBN 978-957-735-527-0(平裝)
1.成本會計 2.管理會計
494.74　　　　107016280

書　名：成本管理會計學習指導
作　者：胡國強 、陳春艷 主編
發行人：黃振庭
出版者：崧博出版事業有限公司
發行者：財經錢線文化事業有限公司
E-mail：sonbookservice@gmail.com
粉絲頁　　　　　網　址：
地　址：台北市中正區延平南路六十一號五樓一室
8F.-815, No.61, Sec. 1, Chongqing S. Rd., Zhongzheng Dist., Taipei City 100, Taiwan (R.O.C.)
電　話：(02)2370-3310　傳　真：(02) 2370-3210
總經銷：紅螞蟻圖書有限公司
地　址：台北市內湖區舊宗路二段 121 巷 19 號
電　話：02-2795-3656　傳真：02-2795-4100　網址：
印　刷：京峯彩色印刷有限公司（京峰數位）

　　本書版權為西南財經大學出版社所有授權崧博出版事業有限公司獨家發行電子書及繁體書繁體版。若有其他相關權利及授權需求請與本公司聯繫。
定價：500 元
發行日期：2018 年 10 月第四版
◎ 本書以POD印製發行